岩土体热力特性与工程效应系列专著

深部冻土力学特性与冻结壁稳定

赵晓东　周国庆　王建州　王　博　著

科学出版社

北　京

内 容 简 介

本书是一本关于深部冻土力学特性与冻结壁稳定的专著,介绍了作者在冻结凿井领域的若干基础研究成果,特别是温度梯度相关的深部冻土力学研究成果。全书共分9章,第1章介绍深部冻土力学特性与冻结壁稳定研究意义和研究现状;第2章建立更为贴近深部冻土原位条件的 K_0DCGF 方法;第3章着重介绍深部冻土衍生母体——深部土实验的荷载边界条件:静止土压力系数;第4章介绍深部冻土三轴剪切实验;第5章介绍深部冻土能量规律;第6章介绍深部冻土三轴蠕变实验;第7章在第4~6章基础上,阐述深土冻结壁设计方法;第8章介绍深土冻结壁数值模拟实验;第9章介绍深土冻结壁物理模拟实验,探讨深部非均质厚冻结壁的温度特征和整体变形规律。

本书可作为土木工程、岩土工程、地下工程以及非均匀介质力学、特别是冻结凿井领域的广大科技人员和高校师生的参考书。

图书在版编目(CIP)数据

深部冻土力学特性与冻结壁稳定/赵晓东等著. —北京:科学出版社,
2018.6

(岩土体热力特性与工程效应系列专著)

ISBN 978-7-03-057662-0

Ⅰ. ①深… Ⅱ. ①赵… Ⅲ. ①冻土力学-研究 Ⅳ. ①P642.14

中国版本图书馆 CIP 数据核字(2018)第 118545 号

责任编辑:周 丹 曾佳佳/责任校对:彭 涛
责任印制:张克忠/封面设计:许 瑞

科 学 出 版 社 出版
北京东黄城根北街16号
邮政编码:100717
http://www.sciencep.com

北京通州皇家印刷厂印刷

科学出版社发行 各地新华书店经销
*

2018年6月第 一 版 开本:787×1092 1/16
2018年6月第一次印刷 印张:12 1/4
字数:285 000

定价:99.00元
(如有印装质量问题,我社负责调换)

"岩土体热力特性与工程效应系列专著"序

"岩土体热力特性与工程效应系列专著"汇聚了 20 余年来团队在寒区冻土工程、人工冻土工程和深部岩土工程热环境等领域的主要研究成果,共分六部刊出。《高温冻土基本热物理与力学特性》《岩土体传热过程及地下工程环境效应》重点阐述了相变区冻土体、含裂隙(缝)岩体等特殊岩土体热参数(导热系数)的确定方法;0～−1.5℃高温冻土的基本力学特性;深部地下工程热环境效应。《正冻土的冻胀与冻胀力》《寒区冻土工程随机热力分析》详细阐述了团队创立的饱和冻土分离冰冻胀理论模型;揭示了冰分凝冻胀与约束耦合作用所致冻胀力效应;针对寒区,特别是青藏工程走廊高温冻土区土体的热、力学参数特点,首次引入随机有限元方法分析冻土工程的稳定性。《深部冻土力学特性与冻结壁稳定》《深厚表土斜井井壁与冻结壁力学特性》则针对深厚表土层中的矿山井筒工程建设,揭示了深部人工冻土、温度梯度冻土的特殊力学性质,特别是非线性变形特性,重点阐述了立井和斜井井筒冻结壁的受力特点及其稳定性。

除作序者外,系列专著材料的主要组织者和撰写人是团队平均年龄不足 35 岁的 13 位青年学者,他们大多具有在英国、德国、法国、加拿大、澳大利亚、新加坡、中国香港等国家和地区留学或访问研究的经历。团队成员先后有 11 篇博士、22 篇硕士学位论文涉及该领域的研究。除专著的部分共同作者,别小勇、刘志强、夏利江、阴琪翔、纪绍斌、李生生、张琦、朱锋盼、荆留杰、李晓俊、钟贵荣、魏亚志、毋磊、吴超、熊玖林、鲍强、邵刚、路贵林、姜雄、陈鑫、梁亚武等的学位论文研究工作对系列专著的贡献不可或缺。回想起与他们在实验室共事的日子,映入脑海的都是阳光、淳朴、执着和激情。尚需提及的是,汪平生、赖泽金、季雨坤、林超、吕长霖、曹东岳、张海洋、常传源等在读博士、硕士研究生正在进行研究的部分结果也体现在了相关著作中,他们的论文研究工作也必将进一步丰富与完善系列专著的内容。

团队在这一领域和方向的研究工作先后得到国家"973 计划"课题(2012CB026103)、"863 计划"课题(2012AA06A401)、国家科技支撑计划课题(2006BAB16B01)、"111 计划"项目(B14021)、国家自然科学基金重点项目(50534040)、国家自然科学基金面上和青年项目(41271096、51104146、51204164、51204170、51304209、51604265)等 11 个国家级项目的资助。

作为学术团队的创建者，特别要感谢"深部岩土力学与地下工程国家重点实验室"，正是实验室持续支持的自主创新研究专项，营造的学术氛围，提供的研究环境和试验条件，团队得以发展。

期望这一系列出版物对岩土介质热力特性和相关工程问题的深入研究有点裨益。文中谬误及待商榷之处，敬请海涵和指正。

2016 年 12 月

前　言

　　人工冻结法是用人工制冷的方法，在待建地下结构周围，将天然地层冻结成封闭的结构物——冻结壁，用以抵抗地压(土压和水压)，切断地下水向工作面流入的通道，然后在冻结壁的保护下进行地下工程施工的一种特殊施工方法。俄国(19 世纪初)、英国(1862 年)、德国(1883 年)、瑞典(1886 年)等先后将地层人工冻结技术应用于井筒和城市地下工程施工中。1955 年我国与波兰合作，在河北开滦矿区林西矿风井首先使用冻结法凿井，并获得成功。该井筒净直径为 5m，井筒冻结深度为 105m。截至目前，我国已完成的冻结井筒工程超过 1000 个，最大冻结深度接近 1000m，最大冻结壁厚度超过 12m。

　　采用人工冻结进行特殊凿井，当冻结温度场稳定后，冻结壁中温度场在空间上分布是不均匀的——温度梯度。如，冻结管附近冻土温度明显低于井帮温度，而两排冻结管间的温度场则接近均匀。众所周知，影响冻结壁厚度设计和稳定评价的两大关键因素：合理的冻结壁设计模型和基于贴近原位状态的冻土力学参数。可以说，深刻认识原位冻土力学行为有利于冻结壁稳定与调控技术的提出，也为冻结壁理论计算提供模型参数。高压长时固结、有压冻结、形成温度梯度，是深部冻土实验的关键和难点，而准确的模型参数获取则直接影响到冻结壁厚度设计结果。

　　本书是作者所在团队基于多年研究积累和成果撰写而成。全书以温度梯度诱导的冻土非均质机制与其力学响应为主线，紧扣"深部"和"非均质"，共分 9 章，第 1 章介绍深部冻土力学特性与冻结壁稳定研究意义和研究现状；第 2 章建立更为贴近深部冻土原位条件的 K_0DCGF 方法；第 3 章着重介绍深部冻土衍生母体——深部土实验的荷载边界条件：静止土压力系数；第 4 章介绍深部冻土三轴剪切实验；第 5 章介绍深部冻土能量规律；第 6 章介绍深部冻土三轴蠕变实验；第 7 章在第 4~6 章基础上，阐述深土冻结壁设计方法；第 8 章介绍深土冻结壁数值模拟实验，第 9 章介绍深土冻结壁物理模拟实验，探讨深部非均质厚冻结壁的温度特征和整体变形规律。

　　除系列专著序中列出的资助项目外，本书还获得江苏省自然科学基金项目(BK20140203)、博士后基金项目(2014T70555、20110491489、1102081C)等的资助，在此作者表示感谢。

　　应该指出，深部冻土力学特性与冻结壁稳定问题是一个颇具挑战性的基础课题。由于先固结—再冻结—后卸荷的施工力学行为使得深部人工冻土不同于先冻结再加载的天然冻土，高压长时固结导致的土体致密结构使得深部冻土不同于浅部人工冻土，胶结体-孔隙冰的存在导致梯度依赖的冻土力学行为与机制显著不同于传统的功能梯度材料。因此，要建立反映深部冻土内在物理、力学机制的深部冻土本构模型体系，发展基于深部冻土力学实验方法的深部非均质厚冻结壁设计理论，尚有诸多需完善和进一步解决的地方。由于作者水平及经验有限，书中定会存在不足之处，敬请读者批评指正。

著　者

2018 年 2 月

目　录

第1章 绪 论

1.1 深部冻土力学特性与冻结壁稳定研究意义

随着国民经济和基础设施建设的高速发展，城市地铁隧道、大长山岭隧道、越江越海隧道等交通工程，地下指挥所、地下掩体与防护等军事工程，地下粮、油、气储藏和废料深埋处置工程，大直径深桩基、大型深基坑、深水码头等基础工程，深部井筒、巷道等资源开发工程的建设深度越来越深、规模越来越大、地质条件越加恶劣、环境条件越加复杂。"21世纪是地下工程的世纪"。地下空间的大规模开发、建设需要高效、安全、适应性强的特殊施工技术，而冻结法由于其环境友好、绿色无污染等特点，逐渐受到青睐。

冻结法是我国特殊地层中煤矿立井井筒施工的重要工法，冻结凿井深度经历了≤400m、400～800m、接近1000m三个阶段，冻结法凿井技术的不断创新与完善保障了煤炭资源的开发与利用。新时期，伴随"三深一土"国土资源科技创新战略实施和我国城市地下空间的持续向纵深开发(如，0～10 000m透明雄安规划等)，冻结法将面临更大的机遇与挑战。

随着冻结深度的不断增加，冻结壁所受外荷载逐渐增大。现有冻结壁设计理论和施工技术，一类是基于均匀温度场冻结-固结试验模式下获得的冻土试验成果和经验地压公式；另外一类则采取基于固结-均匀温度场冻结-减载试验模式下所得冻土试验成果和经验地压公式计算冻结壁厚度。虽然在建井工程实践中取得良好效果，但是由于地层深度增加带来的深土力学和深土冻结壁稳定机制以及冻结诱发的永久井壁结构设计和长期稳定等问题尚未能充分认识，冻结法凿井面临着国内外前所未有的严峻考验，被称为"世界性难题"。

深部冻土与天然冻土，甚至浅部冻土在力学性质上存在很大差异。现有冻结壁冻土强度获取多参照混凝土结构设计，已有研究成果中考虑到减载问题、固结问题，采用对均匀温度场冻土试块加载获得的冻土参数通过折减进行设计。冻土是典型的非均质材料，冻结壁是由温度梯度诱导的典型非均质结构。如何将温度诱导的冻土非均质特征引入冻结壁强度和整体稳定的计算分析中，尤为重要。这对于充分认识非均质厚冻结壁的力学特性以及深井冻结壁的设计和施工均具有十分重要的理论价值和现实意义。

尽管地层冻结技术在岩土工程领域已经有300多年的历史，在深厚表土冻结凿井工程、城市地铁隧道工程、城市深基坑工程以及新近出现的冻结取心、喷射冻结和冻结驱替去污领域得到广泛应用，但上述冻结工程中面临的深部土与深部冻土在高压固结、梯度温度冻结、减载路径下的变形、强度以及蠕变等一些基础性质以及非均质冻结壁设计理论尚没有完全解决。即使在矿井建设领域中，虽然部分超过600m土层的冻结井已经施工完成，如龙固副井、郭屯风井、万福主副风井等，但是，冻结凿井中冻结壁基础理论研究的薄弱必将严重阻碍今后特厚冲积层冻结凿井技术的发展,给工程安全留下隐患。

以冻土工程国家重点实验室马巍研究员(2000)为首的科研团队首次提出了 K_0DCF 的冻土试验模式。中国矿业大学崔广心教授(1989)首次采用物理模拟方法,把深部土加载成与工程相似的条件后再冻结,进行模拟试验研究。但是鲜有针对深部土在高压固结、保持荷载的条件下进行不同温度梯度冻结,然后再进行加、减载试验模式下的相应成果。

本书将系统阐述符合深部冻土形成历史和冻结凿井施工力学行为的研究方法,即深部重塑土在高压一维固结、有载冻结、待形成预定的温度梯度后进行加、减载路径下的力学特性试验,以及基于上述方法的冻结饱和黏土三轴剪切与蠕变基本力学性质研究、深部非均质冻结壁的设计方法、深部非均质冻结壁数值模拟实验和大型相似物理模拟实验。

1.2　深部冻土力学特性与冻结壁稳定研究现状

1.2.1　冻土变形、强度及蠕变性质

1. 常规冻土力学性质

受寒区工程建设和资源开发的巨大需求(如西伯利亚多年冻土工程、美国寒区军事工程等),关于冻土强度与蠕变试验研究,在苏联始于 20 世纪 30 年代(Tsytovich,1930),在北美始于 50 年代。并陆续揭示了冻土强度受温度、变形速率、土质、含水量、加荷形式、含盐量以及围压等因素影响的基本规律(Tsytovich,1930;Vyalov,1959;Ladanyi,1981;吴紫汪和马巍,1994)。

冻土应力-应变曲线上起始斜率是评价冻土稳定性的重要参数,称为"起始切线模量"或"弹性模量"(吴紫汪和马巍,1994)。Haynes 等(1975)通过单轴压缩和拉伸试验发现冻结粉土的弹性模量随应变率增加而稍有增加。Bragg 和 Andersland(1981)通过单轴压缩试验发现冻结砂土的弹性模量随应变率的增加和温度的降低而增加。冻土的弹性模量不仅与土性、温度和含水量有关,而且与应力大小密切相关(吴紫汪和马巍,1994)。Zhu 和 Carbee(1984)、常小晓等(1996)则分别研究了冻结粉土、冻结砂土和冻结黏土的弹性模量。何平等(1999b)对冻结黏性土、砂土和粉土在不同负温下的泊松比进行了研究,指出黏土和粉土的泊松比可以作为常数,受温度的影响很小,砂土的泊松比随轴向应变的增加而增大。金龙等(2008)认为在损伤门槛之后有效泊松比随轴向变形增加而逐渐增大。

Vyalov 等(1962)在大量冻土试验结果的基础上,结合非线性蠕变理论首次提出冻土的流变学原理,并建立第一个描述冻土蠕变过程的经验模型。Andersland 和 Douglas(1970),Ladanyi (1972),Fish(1976),Ting(1983)也先后提出冻土蠕变的数学模型。蔡中民等(1990)根据单轴压缩蠕变试验资料,提出冻土黏弹塑性本构方程及其材料参数的确定方法。Vyalov 等(1962)认为冻土的单轴应力-应变关系适合于幂函数形式。朱元林等(1992)根据大量试验将单轴压缩冻土的应力-应变关系分成九种基本关系,并分别给出了它们的应力-应变方程。张向东等(2004)依据对冻结黏土试样的三轴蠕变试验而提出蠕

变理论和相应的流变本构方程,推导出冻结壁厚度和径向位移的计算公式。何平等(1998)在弹塑理论基础上,考虑应变速率对冻土本构关系的影响,利用单轴压缩本构关系,提出了冻土纯剪状态下的本构关系,并通过实心圆柱体冻土试验得到验证。宁建国等(2005)从复合材料的细观力学机制出发研究冻土的材料特性,用混合律方法得到了冻土材料的等效弹性常数,并利用得到的弹性常数建立了含损伤的冻土弹性本构模型。朱志武等(2009)基于考虑温度和应变率影响的冻土内时流变本构方程。

何平等(1999a)考虑球应力、损伤和未冻水含量的耦合作用,建立了冻土弹塑性损伤本构模型。孙星亮等(2005)在何平等研究的基础上,又综合考虑冻土体积变化和损伤各向异性建立了弹塑性各向异性损伤本构模型。Arenson 和 Springman(2005)通过瑞士阿尔卑斯山上岩石冰川的原状高温冻土三轴蠕变和三轴剪切试验,指出:①高温富冰冻土的最小蠕变速率与温度和蠕变偏应力之间满足指数函数关系;②加载应变速率是影响冻土强度的重要因素;③冻土的微观力学行为与外界条件无关;④含有高孔隙比冻土试样体积呈持续内缩趋势,而具有低孔隙比冻土试样体积变化则表现为膨胀趋势。Arenson 基于蠕变试验和恒应变速率剪切(CSR)试验,提出了能够反映高温富冰冻土力学行为的热-力耦合模型。李栋伟等(2007)基于冻土试验结果,推导得到了相关联流动法则的冻土黏弹塑性损伤耦合本构方程。Lai 等(2009)根据−6℃冻结砂土三轴试验结果,提出围压的强化和弱化效应,并进一步根据 Drucker 公式,建立弹塑性损伤本构模型。Li 等(2009)基于 Mohr-Coulomb 准则提出适用于高温冻土的随机损伤模型。Lai 等(2010)基于 0～14MPa 冻结粉土试验结果,合并 π 平面和 p-q 平面上 Lade-Duncan 屈服准则,在广义塑性力学基础上建立了考虑压融和颗粒破碎的冻土弹塑性本构模型。

与此同时,冻土强度及屈服准则研究也取得了大量成果。Chamberlain 等(1972)研究了高围压对冻土强度影响,结果表明在此条件下影响冻土强度的主要因素是颗粒间的相互摩擦、颗粒胶结、未冻水含量、压融以及冰水相变,并且未冻水含量随围压的增大而增大。Parameswaran 和 Jones(1981)在围压为 0.1～85.0MPa 范围内对冰砂混合物进行三轴试验,发现围压对抗压强度的影响存在临界值,当围压小于该临界值时抗压强度随围压的增大而增大;当围压大于该临界值时抗压强度随围压的增大而减小。随后,马巍和吴紫汪(1993,1994)在冻结砂土试验中证实了这一结论。但对冻结粉土和黏土而言,结论却不完全相同。Ouvry(1985)发现原状人工冻结黏土的抗压强度随围压增大而减小。Chen(1988)则发现冻结黏土的抗压强度随围压增大而增大。Zhu 和 Carbee(1988)和沈忠言等(1996)分别发现冻结粉土和黏土抗压强度不随围压变化。

吴紫汪和马巍(1994)指出在同一土性和同一温度条件下,冻土强度与含水量、干容重之间存在一定关系。何平等(2002)在冰饱和度概念的基础上,提出冻土强度与温度、初始含水量、含冰量等因素之间的关系。李海鹏等(2004)对饱和冻结黏土的常应变速率的单轴抗压强度进行了研究,分别建立了以温度、应变率以及干密度为变量的强度预报方程。

冻土屈服准则方面,Ladanyi(1972), Gorodetskii(1975)相继提出冻土非线性屈服准则。马巍和吴紫汪(1993,1994)提出冻土抛物线强度准则和蠕变渐进屈服准则。余群等(1993)从冻土微观结构出发,不考虑冻土中未冻水含量影响,将冻土中的冰分为孔隙冰与胶结冰，土粒简化为球体，建立了以粒间接触应力(有效应力)表示的强度准则。沈忠言和吴紫汪(1999)认为：①冻土屈服准则与冻土中未冻水含量之间具有相关性；②冻土强度包络线的基本形态可按抛物线处理，直线包络线和水平包络线是特定条件下抛物线包络线的特定段；③围压作用下孔隙冰压融和冰点下降是造成冻土强度包络线偏离Mohr-Coulomb线的重要原因。朱志武等(2006)基于广义塑性力学，分析了理想弹塑性冻土屈服面的一些具体特性，对冻土的体积屈服面进行比较详尽的探讨，并通过对已有Matsuoka-Nakai屈服准则进行修改，提出了一个新的冻土屈服准则。

随着研究的不断深入，断裂力学被引入冻土力学领域。李洪升等(1995，2004)首次开展了冻土断裂韧度的测试研究工作，他们认为冻土破坏过程就是微裂纹损伤与临界串接的演化过程，并通过试验验证了冻土微裂纹损伤区的存在。李洪升等(2006)应用线弹性断裂力学理论与方法，引进冻土断裂韧度作为广义强度指标，建立冻土脆性破坏的断裂破坏准则。

常规冻土力学性质在冻土变形、强度及蠕变等基本力学性质研究方面取得了一定的进展，但试验中多以加载路径为主，试验方法也是基于先冻结后固结再试验的思路，很难反映深部地层中冻土形成过程以及施工路径的影响。此外，冻土强度准则多沿用融土强度理论，如损伤理论、断裂理论等。

2. 深部冻土力学性质

常规冻土力学在冻土变形、强度以及蠕变规律、试验方法等研究领域取得大量成果，同时，由于深部矿产资源开发等因素，以冻土工程国家重点实验室、天地科技建井研究院、中国矿业大学和安徽理工大学等研究机构为主体，通过对冻结凿井工程中遇到的深部原状冻结黏土或以深部原状黏土为素材的重塑冻土进行研究，促使深部冻土力学研究方向萌生并迅速发展。

李昆等(1993)通过对深部冻土进行 FUC(不固结冻结)三轴剪切、FC(先冻结后固结)排气不排水三轴剪切、CF(先固结后冻结)排气不排水三轴剪切试验研究，结果表明 CF方式下获得的冻土黏聚力和内摩擦角最大，而 FUC 方式下获得的冻土内摩擦角和黏聚力最小，并认为深部冻土内摩擦角很小，而且受冻土中气体存在(或饱和程度)的影响。杨平(1995)根据两淮地区近 10 个井筒的人工冻土力学试验，归纳总结出该地区深部冻结黏土强度和变形的一般规律：①深部冻结黏土的应力-应变关系为非线性，随温度降低其非线性渐趋线性；②深部冻结黏土的抗压强度和弹性模量均随温度降低近似呈线性增长；③深部原状冻土中由于微裂隙存在导致相应抗压强度小于扰动冻土；④原状冻结黏土由于其三向应力下的长期固结导致蠕变变形值低于扰动冻结黏土；⑤原状冻土弹性模量高于扰动冻结黏土。

李海鹏等(2003)通过单轴压缩试验研究表明：①深部冻土在压缩过程中具有脆性破坏特征，而同等条件下重塑冻土则表现为塑性破坏特征；②原状冻土抗压强度低于重塑冻土，弹性模量则高于重塑冻土。李栋伟(2005)和张照太(2006)认为：①深部冻土三轴蠕变过程可用修正的维亚洛夫(Vyalov)弹塑性模型模拟；②深部冻土塑性变形阶段服从Drucker-Prager 屈服准则；③深部原状冻土抗压强度是重塑冻土强度的 1.01～1.50 倍；

④当蠕变应力小于深部冻土屈服应力时，冻土蠕变在 10h 左右(甚至更短)达到稳定蠕变阶段；⑤原状冻土弹性变形范围为 0.2%~2.0%。杨平(1995)、李栋伟(2005)、常小晓等(2007)认为深部冻土强度与温度间近似呈线性关系，且其强度基本不受围压影响。李耀民等(2008)揭示出深部冻土应力-应变软化特征，并且力学性状受温度控制。

上述关于深部冻土力学性质的研究，原状冻土取样扰动、应力释放、结构破坏等因素，导致试验结果较为离散，很难取得一致的结论。可以说，这些问题在岩土力学领域广泛存在，而在深部冻土力学中尤为突出。一些学者注意到，研究深部冻土力学性质必须采用深部冻土力学的试验方法。以中国矿业大学崔广心教授为首的团队(1998)基于特殊地层人工冻结凿井工程实践，首次提出不同于常规"浅土冻土力学"的"深土冻土力学"概念，在分析浅土冻土力学与深土冻土力学的区别基础上，提出了深土冻土力学的内容、框架及研究方法。马巍(2000)也指出了发展深土冻土力学研究是未来冻土研究的一个重要领域。王衍森和杨维好(2003)指出了研究深部冻土力学性质首先需要进行固结时间的研究。随后以冻土工程国家重点实验室马巍研究员为首的研究团队首次采用深部冻土力学试验方法——K_0DCF 方法进行冻土力学性质研究，试验结果表明：经历 K_0DCF 的冻土强度最大，破坏变形最小；经历 FC 的冻土强度最小，破坏变形最大，再次验证了固结过程对冻土强度与变形有重要影响的结论。

王大雁(2006)通过对兰州黄土进行 K_0DCF 试验，获得了以冻土单轴压缩强度与未冻土内摩擦角确定深部冻土屈服强度的函数关系式，并指出了深部冻土弹性模量远大于未冻土，且其受围压影响亦大于未冻土。李栋伟等(2008)采用 K_0DCF 试验方法开展冻结砂土的力学试验，并指出冻结砂土在轴向加载过程中具有明显的剪胀性，体积变形不能忽略。作者还以元件模型为基础推导获得冻结砂土非线性流变本构力学模型。与此同时，考虑非均匀温度或变温、减载路径等因素，基于 K_0DCF 试验模式下冻土强度、变形研究也逐步展开。

3. 变温减载路径冻土力学性质

盛煜等(1995)在变载和变温条件下对冻土进行了蠕变试验研究，发现：①对衰减蠕变，在增应力过程中冻土表现为老化材料性质，不能用流动理论描述其蠕变规律，而只能用老化理论、硬化理论和遗传蠕变理论描述蠕变过程；②对于非衰减蠕变，在增应力过程中蠕变过程主要受流动控制，老化理论以及 Boltzmann 叠加原理不再适用，只能用硬化理论和流动理论描述其蠕变过程。盛煜等(1996)还进行了正弦变温过程中冻土蠕变试验研究，发现在此过程中蠕变变形受高温期和低温期的综合控制，在宏观上呈现变形缓急交替的稳定流特征，其蠕变可用一恒定温度下的蠕变过程代替。陈瑞杰等(2000)在人工地层冻结应用进展与展望中指出：非均匀温度场中形成的人工冻结壁强度与平均温度下冻土强度有很大区别。杨更社和张晶(2003)采用有限元手段考虑冻土墙冻土温度场的非均匀性，得出用非均匀温度计算比采用平均温度计算冻土墙变形小 20%的结论。

非均匀温度场中冻土变形、强度以及蠕变性质是水-热-力等多场耦合作用结果。Liu 和 Peng(2009)为研究京包线季节性冻土冻胀融沉等道路冻害对上部结构影响，利用改进的三轴仪研究正融土强度弱化特性，并开展了正融土无侧限抗压强度试验，获得了冻前含水率、顶端冷却温度和顶端融化温度对土样应力应变和强度特性的影响。这是典型的非均匀温度场中冻土力学性质研究。

目前，从本构理论基础上建立非均匀温度场模型尚处于起步阶段，既有研究仅停留在基于数据回归的经验方程层面，更多的焦点则是针对减载路径。马巍和常小晓(2001)通过 K_0DCF 试验方法进行冻结砂土的加减载试验研究表明，加载和减载路径下冻土变形过程都符合双曲线模型，但是变形过程明显不同。减载路径冻土应力应变特征类似理想刚塑性，而加载路径下冻土的变形表现出应变硬化特征；减载路径下的屈服强度明显小于加载路径，且随围压的增大，其差异越来越大，但其破坏变形基本无大的差异；冻土屈服强度和破坏变形均随温度降低而增大，但加载路径下的强度值和破坏变形明显大于减载路径，且随着温度的降低，这种差异越来越大。王大雁等(2004)对冻结兰州黄土进行了 K_0DCF 方式下的减载试验，再次验证了减载路径下冻土的应力-应变关系符合双曲线模型，而且减载路径下冻土的屈服强度随围压增加和温度降低而增加。周国庆等(2010)首次进行了 K_0DCF 方式下不同温度梯度冻结砂土在加载和减载两种路径下的变形及强度研究，并指出不同温度梯度冻结砂土的减载应力-应变曲线与加载路径相似，均可以利用修正后的双曲线模型进行模拟，但减载路径下的弹性模量和极限强度要低于加载路径。

加载及减载路径对未冻土体积变形影响研究取得了大量成果。沈珠江(1998)从土体剪胀的微观机制出发，将土体的胀缩机制分为两种：一种是与等向硬化和最小势能原理相联系的普遍剪缩机制，这种机制与能量的不断耗散有关，是不可恢复的；另一种是与不等向硬化相关的剪胀机制，这一过程中能量不断积累，是可以恢复的，剪胀可以看作可逆的似弹性应变。清华大学李广信教授团队则对无黏性土卸荷体积变形机制做了大量研究。张其光(2006)通过机制分析和试验研究，探讨了无黏性土的减载弹塑性特性及其机制，阐明可恢复变形并不都是弹性变形，减载体缩是剪应力减小引起的塑性体积变形，是减载屈服的宏观表现；指出减载屈服与土体内部结构改变密切相关，是土的弹塑性的重要体现；提出由于反向摩擦作用，减载过程存在初始弹性区；分析试验中体应变的变化规律，确定减载初始弹性区范围，通过试验和计算证明其适用性；提出考虑减载屈服情况下确定弹性模量及分离弹塑性应变的方法，并在土的清华模型基础上建立了反映土减载屈服的弹塑性本构模型。该模型考虑了应力引起的各向异性及变形历史的影响，在减载过程中令屈服面和等向硬化轴旋转，采用以任意等效应力点为起点的硬化规律形式，根据试验结果分别确定初始加载—减载—再加载过程的屈服面和硬化参数，将清华弹塑性模型推广到往复加载情况。模型能合理反映应力-应变曲线滞回圈，加载剪胀和减载体缩等变形现象，体现土往复加载的弹塑性特性。

Youssef(1988)通过冻结砂土的三轴压缩试验发现，冻土发生屈服前由于冻土本身压缩性以及乳胶膜与冻土表面之间的气泡，以体缩为主，之后由于内部微裂隙的萌生与扩展，则以膨胀为主。吴紫汪等(1997)在冻结黄土 CT 扫描观测试验中也发现这一规律。孙建忠和李建康(2004)利用 MTS 电子万能试验机对不同含水量的标准冻结圆柱和标准空心圆柱试样进行试验，发现加、减载再加载过程中冻土发生了应变强化现象；而且由于冻土的黏滞性，卸载变形具有显著的时间效应(不能完全恢复也不是立即恢复)。Zhang 等(2007)从冻结淤泥和砂土的三轴压缩试验结果中发现，冻土的体积变形随轴向变形增加呈非线性增加规律,指出如不考虑冻土体积变化将对压缩过程中冻土应力计算造成影响。

不同路径和温度模式下冻土试验研究取得了丰硕成果。但是上述研究基本假设都是将深部冻结壁中"点"与连续介质力学理论中"点"等同,研究的最终目的是建立连续介质力学框架中的冻土本构模型体系与强度准则,温度梯度诱导的冻土非均质机制与其力学响应研究不够深刻,而且不同试验路径中水-热-力多场耦合过程与冻土变形(如体积变形、轴向变形、径向变形)、应力演化过程的相互关系缺乏研究。

1.2.2 深土冻结壁厚度设计方法

1. 冻结壁外载

冻结壁发展过程中,水结冰后体积膨胀和外部水分迁移的共同作用,使得冻结壁在开挖前就存在初始冻结应力场。在冻结锋面上,由于冻结壁冻胀受到周围未冻土的约束,冻结壁外侧受到的荷载有别于地层的原始地应力。冻结壁的初始冻结应力场、法向外载和切向外载,与土颗粒的矿物成分、粒径组成、含水量及补给状况、温度场、水中可溶盐成分和含量、原始地应力、掘进时冻结壁的变形等综合因素有关。根据理论研究结果,冻结壁外侧面在法向与竖向上受到的荷载应大于原始水平地压和竖直地压。然而,传统的冻结壁设计不考虑冻结的影响,仍视冻结壁外载为永久地压值,采用重液公式(崔广心等,1998)计算冻结壁水平地压:

$$P_0 = 1.3\gamma_W \cdot H \tag{1-1}$$

式中,γ_W 为水的重力密度,kN/m^3;H 为计算深度,m。

但是,马英明(1979)根据 20 世纪 60～70 年代国内 7 个井筒的实测冻结压力随深度变化的资料(表 1-1 和图 1-1),回归冻结压力经验公式

$$\left.\begin{array}{ll} P_d = 1.74(1 - e^{-0.02H}) & H \leqslant 100m \\ P_d = 0.005H + 1 & H > 100m \end{array}\right\} \tag{1-2}$$

式中,P_d 为冻结压力,MPa。

陈远坤(2006),李运来等(2006)在涡北煤矿风井和副井进行了冻结压力实测,获得冻结压力与深度的关系分别为

$$\left.\begin{array}{ll} P_d = 1.265H / 100 & H \leqslant 275m \\ P_d = 1.1587 + 0.00819H & H > 275m \end{array}\right\} \tag{1-3}$$

表 1-1 黏土层中平均冻结压力

深度(m)	冻结压力(MPa)	深度(m)	冻结压力(MPa)
40	1.00	150	1.75
60	1.20	175	1.85
80	1.40	200	2.00
100	1.50	225	2.20
125	1.65	250	2.30

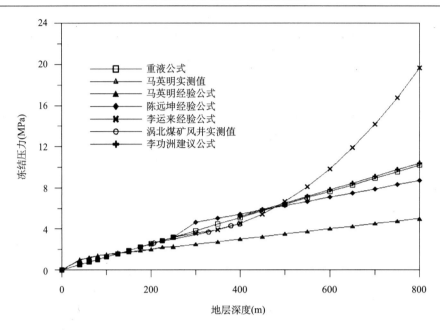

图 1-1 冻结压力随地层深度变化曲线

$$\left.\begin{array}{ll} P_{\mathrm{d}} = 1.265H / 100 & H \leqslant 275\mathrm{m} \\ P_{\mathrm{d}} = 7.3505 - 0.02943H + 0.00005599H^2 & H > 275\mathrm{m} \end{array}\right\} \quad (1\text{-}4)$$

孙家学和刘斌(1995)认为采用永久地压值作为冻结壁外荷载，往往会导致设计冻结壁厚度不足，通过理论推导获得黏土冻结壁原始冻胀力计算公式。胡向东(2002)基于冻结壁处于卸载状态的事实，以卸载状态下冻结壁-周围未冻土联合冻结壁力学模型，研究表明冻结壁外载不是固定不变的原始水平地压，在卸载状态下冻结壁外载要比原始水平应力低。王衍森等(2009)对巨野矿区龙固矿、郭屯矿、郓城矿等 5 个冻结井施工过程中的冻结压力进行实测，发现最大冻结压力 P_{dmax} 普遍超过按重液公式计算的永久水平地压，P_{dmax} 与永久水平地压比的均值为 1.08。冻结壁内外冻胀力积聚是冻结压力超过重液地压的根本原因。姜国静等(2013)对张集煤矿副井实测数据进行回归分析，得出最大冻结压力与地层深度符合 $P_{\mathrm{dmax}} = 0.019H - 2.831$ 关系。李功洲(2016)基于大量冻胀力现场实测，建议冲积层厚度大于 400m 的冻结压力按 $P_{\mathrm{d}} = 0.01(K_{\mathrm{b}} - K_{\mathrm{dz}}) \cdot H$ 计算(K_{b} 为冻结壁变形和深度影响系数，砂土层取 0.75~0.85，黏土层取 0.96~1.14；K_{dz} 为冻胀力影响系数，与土层冻胀特性、冻结壁形成过程、冻结壁平均温度、井帮温度、井壁筑壁材料水化温升特性等因素有关，取 0.20~0.45)。将不同学者建议的经验公式计算结果列于图 1-1 中。可以看出，不同学者的建议公式预测结果相差很大，且当深度超过 400m 后，计算冻胀力差异成倍增加，基于 400m 以浅的经验公式对 400m 以深冻胀力计算不适用。

2. 冻结壁厚度计算方法

冻结壁是冻结工程中的核心，其强度和稳定性关系到整个冻结工程的成败与经济效益。实际的冻结壁，从物理、力学性质来看是一个非均质、非各向同性的非线性体，随着地压的逐渐增大，由弹性体、黏弹性体向弹黏塑性体过渡；从几何形态看，它是一个非轴对称的不等厚筒体。代表冻结壁强度和稳定性的综合指标是冻结壁的厚度，而反映冻结壁整体性能的综合指标是冻结壁的变形。控制冻结壁厚度是控制冻结壁变形的重要手段。随着工程面临的表土层厚度增加，冻结壁厚度计算方法的不断更新，冻结壁材料经历了多种假设，如完全弹性、部分弹性、部分塑性、完全塑性和完全黏性材料等。

Lamé 和 Clapeyron(1831)假设冻土体材料为完全弹性体(图 1-2(a))，得到冻结壁厚度的计算公式

$$E_\mathrm{T} = a \cdot \left[\sqrt{\left(\frac{q_\mathrm{u}}{q_\mathrm{u} - 2P_0} \right)} - 1 \right] \tag{1-5}$$

式中，q_u 为冻土无侧限抗压强度。

若采用第四强度理论，则上述公式修正为

$$E_\mathrm{T} = a \cdot \left[\sqrt{\left(\frac{q_\mathrm{u}}{q_\mathrm{u} - \sqrt{3}P_0} \right)} - 1 \right] \tag{1-6}$$

Lamé 将冻结壁视为无限长均匀弹性小变形厚壁圆筒，这种假设符合浅部条件，式(1-5)和式(1-6)均假设冻结壁断面全部处于弹性状态，不允许出现任何塑性变形，因而不能充分利用材料的强度储备，使得计算冻结壁厚度偏大。实践表明，当表土层厚度小于 100m 时，上述公式是适用的。但随着深度的增加以及地层压力的增大，式(1-5)和式(1-6)将因 $q_\mathrm{u} < 2P_0$ 和 $q_\mathrm{u} < \sqrt{3}P_0$ 而失去物理意义，从而无法使用。

Domke(1915)将冻结壁视为理想弹塑性体，允许冻结壁内圈进入塑性状态，外圈仍处于弹性状态而不失去承载能力，在筒壁上作用着水平荷载，使冻结壁形成弹性应力区和塑性流变区，从而使它基本上反映了深厚表土层中冻结壁实际工作状况。如图 1-2(b)所示。并运用第三强度理论作为极限条件进行计算，提出计算冻结壁厚度的 Domke 公式，使用该式的前提是外载 = $(1.3 \sim 1.8) \cdot \gamma \cdot H$ (γ 为土的容重)。

$$E_\mathrm{T} = a \cdot \left[0.29 \left(\frac{P_0}{q_\mathrm{u}} \right) + 2.30 \left(\frac{P_0}{q_\mathrm{u}} \right)^2 \right] \tag{1-7}$$

Domke 公式中把冻结壁看成是连续均质弹塑性体，忽略了塑性变形与冻结壁暴露时间的影响等，从而导致公式的误差，并且表土层厚度越大误差越大。此外关于公式中 q_u 的意义认识不统一，有学者认为是冻土许用抗压强度或计算强度，有学者认为是长时抗压强度，这与原公式中 σ_s 含义(冻土极限抗压强度)均有出入。该公式在 200m 左右的表土层中均适用；但当深度≥400m 时，冻结壁厚度将很大。

Vyalov 等(1962)按 Mohr 线性及非线性屈服条件，研究了无限长冻土筒的蠕变，假设冻土区为塑性区(图 1-2(c))，得出冻结壁厚度的计算公式

$$E_\mathrm{T} = a \cdot \left[\left(\frac{P_0}{q_\mathrm{u}} \cdot \frac{2\sin\varphi}{1-\sin\varphi} + 1 \right)^{\frac{1-\sin\varphi}{2\sin\varphi}} - 1 \right] \tag{1-8}$$

式中，φ 为冻土内摩擦角。

国内外一些学者认为，在深厚表土层中冻结时，可使冻结壁全部进入塑性状态，以一定的安全系数来保证冻结壁的安全，采用 Domke 公式同样的推导，分别获得塑性厚壁筒第三强度理论公式和塑性厚壁筒第四强度理论公式

$$E_{\mathrm{T}} = a \cdot \left[\mathrm{e}^{\frac{P_0}{q_{\mathrm{u}}}} - 1 \right] \cdot k_{\mathrm{d}} \tag{1-9}$$

$$E_{\mathrm{T}} = a \cdot \left[\mathrm{e}^{\frac{\sqrt{3}P_0}{2q_{\mathrm{u}}}} - 1 \right] \cdot k_{\mathrm{d}} \tag{1-10}$$

式中，k_{d} 为安全系数，取值为 1.1～1.3。

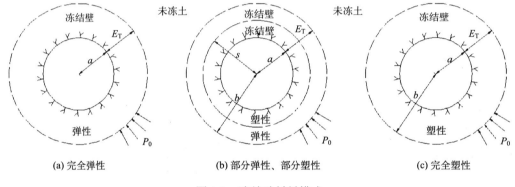

图 1-2　冻结壁材料模式

Klein(1981)引入冻土"内摩擦角"φ 来修正 Domke 公式

$$E_{\mathrm{T}} = a \cdot \left[(0.29 + 1.42\sin\varphi) \cdot \left(\frac{P_0}{q_{\mathrm{u}}} \right) + (2.30 - 4.06\sin\varphi) \cdot \left(\frac{P_0}{q_{\mathrm{u}}} \right)^2 \right] \tag{1-11}$$

我国有些学者还常常采用 Domke 公式的第四强度理论形式

$$E_{\mathrm{T}} = a \cdot \left[0.56\left(\frac{P_0}{q_{\mathrm{u}}} \right) + 1.33\left(\frac{P_0}{q_{\mathrm{u}}} \right)^2 \right] \tag{1-12}$$

上述公式(1-5)～公式(1-12)都是按无限长厚壁圆筒模型计算的，实际工程中一般采用短段掘砌的方式施工冻结井筒，冻结壁在深井冻结时不可能同时暴露全长，掘进段高及其上下端固定情况对冻结壁稳定性的影响非常大。而按无限长厚壁筒的计算方法忽略了这些有利因素，导致计算的冻结壁厚度偏大。因此采用有限段高进行冻结壁厚度的计算更为符合实际。

利伯曼(Либерман)提出了用极限平衡理论计算冻结壁厚度(王建州，2008)，假设:①冻结壁外侧水平地压为 $\sum\limits_i \gamma_i h_i$ ；②段高 h_{d} 的上下端固定；③冻土为理想塑性体；④抗剪强度为抗压强度的一半；⑤冻土强度随时间变化；⑥按第三强度理论计算，得到

$$E_T = \frac{\sum_i \gamma_i \cdot h_i}{\sigma_t} h_d \cdot K \tag{1-13}$$

式中，K 为安全系数，取 $1.1 \sim 1.2$；σ_t 为与冻结壁暴露时间相关的冻土长时抗压强度，MPa。

利用第四强度理论，苏联学者维亚洛夫、扎列茨基(Zaretsky)采用与利伯曼基本相同的假设，考虑了冻土暴露段高的支撑条件，得到

$$E_T = \sqrt{3}\lambda \cdot \frac{P_0 \cdot h_d}{\sigma_t} \tag{1-14}$$

式中，λ 为支撑条件系数(井内未冻实，可视为上端固定，下端不固定，$\lambda = 1$；井内冻实，可视为上、下两端均固定，$\lambda = 0.5$)。

当采用短段掘砌施工工艺时，冻结壁可简化为承受轴向压力 P_1，径向压力 P_0，冻结壁上下端具有不同固定程度，有限暴露段高为 h_d 的厚壁圆筒。在冻结壁暴露期间允许的最大位移为 u_a，如图 1-3 所示。

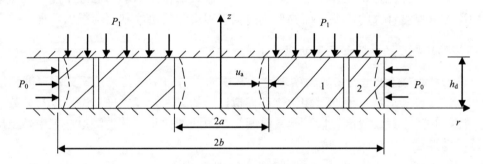

图 1-3 有限段高冻结壁

1. 冻结壁；2. 冻结管

维亚洛夫、扎列茨基根据恒荷载作用下的冻土蠕变试验结果，提出了按照变形条件计算的有限段高的冻结壁厚度计算公式

$$E_T = a \cdot \left\{ \left[1 + (1 - \xi_m) \cdot \frac{(1-m) \cdot P_0}{3^{-\frac{1+m}{2}} A(T, \theta)} \cdot \left(\frac{h_d}{a} \right)^{1+m} \cdot \left(\frac{a}{u_a} \right)^m \right]^{\frac{1}{1-m}} - 1 \right\} \tag{1-15}$$

式中，ξ_m 为冻结壁暴露段上下约束系数，$0 \leqslant \xi_m \leqslant 0.5$(若上端固定，下端不固定，$\xi_m = 0$；若下端基本固定，$\xi_m = 0.5$)；$m$ 为冻土的强化系数；$A(T, \theta)$ 为随时间和温度变化的冻土变形模量，MPa；u_a 为冻结壁内缘允许的最大径向位移，m。

Klein(1980)、Auld(1985，1988)应用了由 Tresca，Mises，M-C，Drucker-Prager(塑性)和 Klein(黏性)模式描述的带内压无限长厚壁圆筒冻结壁厚度计算式。Klein(1980)给出了如下结果：

$$E_{T} = a \cdot \left\{ \left[1 + \frac{B_{p}}{3} \cdot \frac{P - P_{0}}{\sigma_{t}} \right]^{-\frac{B_{p}}{2}} - 1 \right\} \tag{1-16}$$

式中，B_p 为与应力、时间有关的参数。

当地层深度≤100m 时，将冻结壁视为无限长弹性厚壁圆筒，按照 Lamé 公式计算。当深度在 200m 左右时，将冻结壁视为无限长弹塑性厚壁圆筒，按照 Domke 公式计算。当地层深度≥200m 时，将冻结壁视为有限长塑性(或者黏塑性)厚壁圆筒，用利伯曼和维亚洛夫公式等进行计算。维亚洛夫公式相比较而言对 400m 以内的冻结壁的厚度计算还是比较合理的，但是冻土的蠕变参数对计算结果影响程度过大，模型计算过程中，当 $A(T, \theta)$ 变化 0.01 时，冻结壁厚度相差 2~3m，而在冻土蠕变试验中难免受到各种因素影响而产生一系列的误差。计算结果对冻土蠕变参数的灵敏度如此之高，相当于加大了冻土蠕变试验的难度。

理论分析主要考虑冻土深度在 400m 以内的冻结壁厚度，随冻土深度加大、地压增大，简单地应用弹性理论或弹塑性理论并做若干假设所得到的解析已经不能适应深厚冲积层中冻结壁厚度计算的需要，而物理模拟或工程实测的手段则逐渐得以重视。

3. 冻结壁厚度的试验和实测研究

崔广心(1997)指出运用古典力学理论、常规的材料力学试验方法研究深厚冲积层中冻土和冻结壁已不适用，他通过相似物理模拟试验的方法，建立冻结壁厚度与外载、冻结壁温度、掘进半径、段高、段高暴露时间等参数间的关系，获得深厚冲积中黏土层和砂层冻结壁厚度计算公式分别为

$$E_{T} = \frac{1.3a \cdot P_{0}^{1.8} \cdot h_{d}^{0.24} \cdot t^{0.54}}{u \cdot T_{P}^{3.7}} \tag{1-17}$$

$$E_{T} = \frac{60a \cdot P_{0}^{0.76} \cdot h_{d}^{3.7} \cdot t^{0.34}}{u \cdot T_{P}^{3.7}} \tag{1-18}$$

式中，t 为段高暴露时间，h；u 为冻结壁径向变形量，mm；T_P 为冻土平均温度的绝对值，℃。

吴金根(1987)和徐志伟等(2008)根据 200 多个冻结井实际数据，采用数理统计的方法，回归获得冻结壁厚度和冲积层深度之间的定量关系，如图 1-4 所示(图中大于 400m 深度的数据为作者统计结果)。

$$E = \alpha \cdot a \cdot H^{\beta} \tag{1-19}$$

式中，α 和 β 为经验常数，分别取 0.04 和 0.61；a 为井筒掘砌半径，取 4m。

式(1-19)是我国冻结凿井多年实践积累的结果。但是由于数据样本主要是表土层深度 400m 以内的井筒，并且涉及掘进段高、冻结壁暴露蠕变等因素，在冻结深度≤400m 时具有实用价值；对冻结深度超过 400m 的井筒，公式预测冻结壁厚度严重偏低，适当增加安全系数的做法是不可取的。

张向东等(2004)等利用冻黏土试样的三轴蠕变试验，建立了非线性蠕变方程，描述不同温度下冻结黏土的蠕变特性，探讨了塑黏区的扩展规律，最后推导出冻结壁厚度计算公式

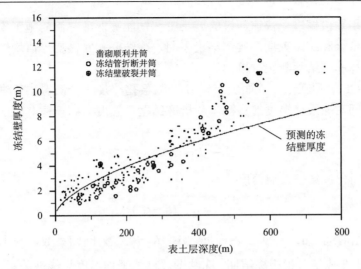

图 1-4 冻结壁厚度和表土层深度关系

$$E_{\mathrm{T}} = a \cdot \left[0.67 \left(\frac{P_0 - P_{\mathrm{as}}}{\sigma_{\mathrm{t}}} \right) + 0.95 \left(\frac{P_0 - P_{\mathrm{as}}}{\sigma_{\mathrm{t}}} \right)^2 \right] \tag{1-20}$$

式中，P_{as} 为井壁抗力，MPa。

魏允伯等(2001)建议通过井帮温度判断冻结壁厚度，达到控制冻结壁强度和稳定性的目的，两者之间的对应关系为

$$T_{\mathrm{n}}^1 = T_{\mathrm{s}}^1 \cdot \frac{\ln\left[0.55 \dfrac{E_{\mathrm{T}}}{r_{\mathrm{cf}}} \right]}{\ln\left[0.55 \dfrac{E_{\mathrm{T}}}{r_0} \right]} \tag{1-21}$$

式中，T_{n}^1 为井帮实测温度，℃；T_{s}^1 为盐水温度，℃；r_{cf} 为测温孔中心与冻结管中心距，m；r_0 为冻结管外半径，m。

根据山东鹿洼煤矿主井、淮北海孜煤矿混合井井帮温度的实测资料，井帮温度与井筒深度的对应关系如表 1-2 所示。

表 1-2 冻结井筒井帮温度与深度的对应关系

井筒名称	深度						
	50m	100m	150m	200m	250m	300m	320m
鹿洼主井	0～−2℃	−2～−4℃	−4～−6℃	−6～−8℃	−8～−10℃	−10～−12℃	−10℃
淮北混合井	2～0℃	0～−1℃	−1～−3℃	−3～−5℃	−5～−7℃		

但是，井帮温度并不是冻结壁强度唯一的参考指标。祁东矿副井在通过特厚冻结黏土层时，井帮温度远远高于设计温度，但是通过对冻结壁性状分析表明，冻结壁的有效厚度和平均温度十分接近设计值，考虑到冻结壁的实际工作性状，通过适当改变井壁的

设计参数和采用短段掘进、快速通过的施工工艺,能够保证井筒的施工安全和冻结壁的稳定,并节省资金和缩短工期。实测结果表明,冻结壁和底鼓变形值均较小,没有引起外层井壁的破坏和冻结管断裂等事故。

杨平等(1998)利用在同一界面上布置 6 个测温孔,共 5 个测温层位进行温度测定,通过在凿井期间对冻结壁温度的实测,分析冻结壁内温度分布规律,给出冻结壁发展的回归公式

$$E_\mathrm{T} = K_1 \cdot (t_1 - t_\mathrm{jq})^{K_2} \tag{1-22}$$

对其求导即可得出冻结壁发展速度

$$\frac{\mathrm{d}E_\mathrm{T}}{\mathrm{d}t} = K_3 \cdot (t_1 - t_\mathrm{jq})^{K_4} \tag{1-23}$$

式中, t_1 为冻结时间,d; t_jq 为交圈时间,d; $K_1 \sim K_4$ 为回归系数,与土性及交圈时间有关。同时指出在冻结壁积极冻结期,冻结壁厚度与平均温度呈线性关系,梯度为–3.6～–3.3℃/m。

宋雷等(2005)等根据冻结工程中冻土和未冻土之间介电常数和电阻率的差异,利用地质雷达探测冻结壁发育状况。采用时域有限差分法模拟不同冻结阶段冻结壁的发育状况,获取冻结壁在雷达剖面上的反应特征,据此指导施工。计算结果和探测结果均表明,地质雷达可用于砂土、黏土冻结壁发育状况的探测,查明其中的缺陷,便于及时处置冻结工程中可能出现的问题,是确保冻结工程安全的有效手段。

周晓敏和张绪忠(2003)根据冻结法凿井工程中冻结器纵向测温的经验,建立停冻后单孔冻土柱升温数学计算模型,并借助 Maple 软件,研究瞬时升温过程中单孔冻土柱温度分布与时间、冻土柱半径之间的关系,为冻结器内测温、监控冻结井筒温度场提供理论依据。

对深厚表土而言,假设冻结井筒的冻结壁内直径为12m,水平侧压力系数取0.012,冻土的极限抗压强度取 6MPa,掘进段高取 2.5m,安全系数取 1.2,冻土变形模量取4MPa,冻土强化系数取 0.35,冻结壁内壁允许最大变形 50mm。将上述参数代入各计算式可分别得出不同冻结深度所对应的冻结壁厚度,如图 1-5 所示。

由图 1-5 可知,采用不同的计算公式得出的冻结壁厚度各不相同,并且差别较大,最大值和最小值几乎相差 10 倍,并且随着冻结深度增加,这种差别越来越大,这给实际工程应用带来了一定困难。此外,上述的理论解析、公式都是建立在冻结壁平均温度假设基础上,人为将冻结壁看成均质体,忽略冻结壁沿径向的非均质特征,这也是图 1-4中实测冻结壁厚度与经验预测冻结壁厚度间产生重大差异的本质和根源。

1.2.3 深土冻结壁变形规律

1. 冻结壁变形解析计算

冻结壁的蠕变变形计算有两种模型:无限长厚壁圆筒冻结壁模型和有限长厚壁圆筒冻结壁模型。与无限长厚壁圆筒冻结壁工作状况相适应,Klein 和 Jessberger(1979)提出了黏土受时间和温度支配的蠕变应变

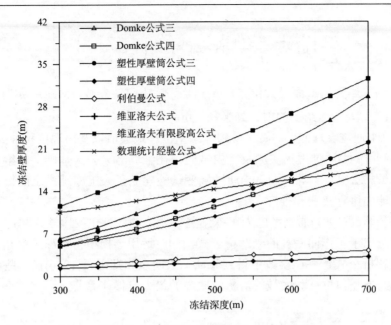

图 1-5 不同公式计算的冻结壁厚度与冻结深度的关系

$$\varepsilon_{\text{creep}} = A \cdot \sigma^B \cdot t^C \tag{1-24}$$

式中，$\varepsilon_{\text{creep}}$ 为蠕变应变；σ 为蠕变应力；t 为蠕变时间；A 为温度影响系数，量纲为 $\text{MPa}^{-B} \cdot \text{h}^{-C}$；$B$ 和 C 为无量纲指数（$B > 1$，$C < 1$）。

冻结壁内缘变形为

$$\delta_i = -\left(\frac{\sqrt{3}}{2}\right)^{B+1} \cdot r_i \cdot \left[\frac{(P_0 - P_i) \cdot \left(\frac{2}{B}\right)}{1 - \left(\frac{b}{a}\right)^{-\frac{2}{B}}}\right]^B \cdot A \cdot t^C \tag{1-25}$$

若考虑到具有内摩擦角的土体，Klein(1981，1985)修正了公式(1-25)，得到

$$\delta_i = \left(\frac{\sqrt{3}}{2}\right)^{B+1} \cdot r_i \cdot \left[\frac{2\lambda_0 \cdot (1 - \mu_1)}{\dfrac{r_i}{r_0} - \mu_1}\right] \cdot A^* \cdot t^C \tag{1-26}$$

式中，A^* 为与温度有关的修正参数；λ_0 为土压力系数；$\dfrac{1}{\lambda_0}$ 为 $\dfrac{\tan\varphi}{c}$；μ_1 为 $\sqrt{\dfrac{P_0 + \lambda_0}{P_i + \lambda_0}}$。

实际使用中，考虑摩擦角不随时间变化，而黏聚力则取决于温度和时间。

维亚洛夫通过假设、简化，推得以下有限长厚壁圆筒冻结壁计算公式：

$$\frac{b}{a} = \left[1 + \frac{(1-m)\cdot P_0}{A_0}\cdot(1-\xi_m)\cdot\left(\frac{h_d}{a}\right)^{1+m}\cdot\left(\frac{a}{U_{\max}}\right)^{\frac{1}{1-m}}\right] \tag{1-27}$$

式中，$U_{\max}$ 为冻结壁内壁面最大位移，m；A_0 为冻土蠕变参数，MPa；m 为冻土蠕变参数，无量纲；a、b 为冻结壁的内、外半径，m。

杨平(1994)通过合理假设、简化得到冻结壁位移最大值以及出现位移最大值的位置。吴紫汪和马巍(1994)通过现场实测及室内试验，在维亚洛夫公式基础上，给出计算冻结壁位移的半解析公式。陈湘生(1995)通过蠕变试验建立了人工冻结黏土的蠕变模型，并在冻结壁设计中进行实践和推广。

马巍和吴紫汪(1991)通过考虑人工冻结竖井变形的各种主要因素，将冻土看成是弹塑性材料，给出了工作面底鼓的半解析公式，同时运用该模型得到冻结壁超前位移和最大位移的半解析公式，并在实践中得到验证。张向东和郑雨天(1996)在一些假设的基础上，得到冻结壁超前位移和底鼓的解析及底鼓的最大位移计算公式。

2. 冻结壁变形实测研究

冻结壁变形是判断冻结壁稳定性的重要指标。德国和苏联在冻结壁稳定性方面的实测工作开展得较多。如德国劳贝格三号井、维尔德井以及苏联的扎波罗兹一矿副井、南北风井等(李功洲等，1995)。德国还研制出一种链式测斜仪，用来测试冻结管受到的应力以及未开挖段冻结壁的超前变形，为冻结井筒安全施工提供了参考。而有些国家由于地层相对比较稳定，在该方面进行的研究工作较少。如英国，虽然冻结深度已接近1000m，但表土层厚度不足100m，采用随掘随砌永久井壁的方法便可顺利完成施工。

自20世纪60年代开始，国内学者们对冻结壁变形进行实测研究。马英明、李功洲分别对谢桥主井、陈四楼主副井冻结壁位移与底鼓情况进行了实测。中国矿业大学、天地科技建井研究院等，在淮南、兖州、淮北、永夏等矿区的20多个井筒进行了冻结壁位移和温度等参数的实测，获得了冻结壁径向变形与暴露时间、掘砌段高的关系及径向位移在段高内的分布规律，如图1-6所示。发现深部冻结壁变形一般为非衰减型，当冻结壁强度相对地压较大时，变形为衰减型。掘进段高是影响冻结壁变形的主要因素之一，随着掘进段高的增大，变形量亦增大。

受测量条件的限制，工程实测的冻结壁位移只能局限在冻结壁暴露段内已布测点之后的位移。实际施工过程中由于受到空间和施工工艺的限制，很难实现理想的测量方案，冻结壁的工作面底鼓以及内部变形几乎无法量测。但是，现场实测是对理论分析、相似物理模拟、数值计算的有力证明，也是获得基本参数的重要途径。

3. 冻结壁物理模拟研究

20世纪70~80年代，随着冻结法凿井穿越土层厚度的逐渐增加(200m增加到400m)，主要是把浅部表土层冻结法凿井的理论和经验，进行参数放大，然后直接应用到深部表土层中。然而工程事故频发让大家逐渐意识到冻结法在浅部表土层与深部表土层的应用

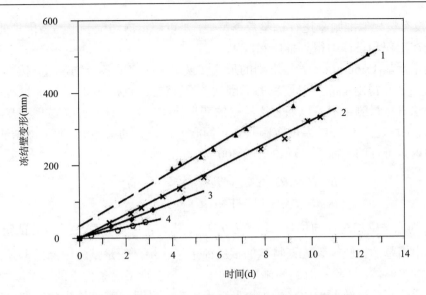

图 1-6 淮南潘集三号煤矿东风井冻结壁变形与时间的关系

1. H=259.9m，高液限、高含水量、低密度黏土，$T=-10℃$；2. H=256.0m，高液限、高含水量、低密度黏土，$T=-10℃$；
3. H=324.36m，低液限、中含水量、低密度黏土，$T=-16℃$；4. H=351.26m，含砾砂土，$T=-17℃$

区别。冻结壁是天然土体经过漫长的高压固结、有载条件下冻结形成，井筒开挖和井壁砌筑使得冻结壁经历卸载和卸载后再增载过程，并且作为整体结构承担包括高围压在内的外部荷载。因此，试验条件差异对试验结果影响巨大。

20 世纪初期，法国工程师索维斯特尔(Sovestre)采用模型试验方法研究冻结壁强度(图 1-7)(卢清国，1988)。试验主要目的是探索 600m 深度范围内，冻结法应用的可行性。这是特殊凿井领域第一次应用模型试验对冻结壁进行模拟研究，具有里程碑的意义。但是，索维斯特尔的试验模型，冻结壁不是在三向受载条件下形成的，冻结壁内部是等温

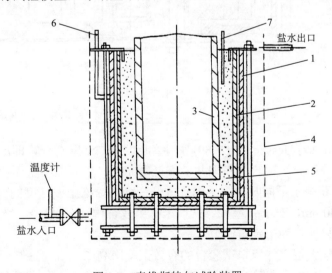

图 1-7 索维斯特尔试验装置

1. 铸铁圆筒；2. 铅质圆筒；3. 内圆筒杯子；4. 冷冻箱；5. 含饱和水的砂子；6. 输油管；7. 测温用短管

的,并且没有按相似准则来进行试验数据整理,难以获得冻结壁变形与各因素间的关系,因而未能在工程和设计中得到推广和应用。

格莫申斯基(Гмошинский)按准则的形式转换了所研究的各个物理量,按准则关系整理试验结果,并得出了冻结壁厚度的无因次关系(特鲁巴克,1958)。试验过程中冻结壁的强度无法直接量测,但可以通过冻结壁的变形间接反映。研究了冻结壁变形与侧压、开挖段高、土性、壁厚、冻结温度等因素在不同时间内各自的关系。证明了冻结法在600m深度范围内是可行的,而不是理论上的300~400m。

$$\frac{b}{a} = \frac{D(t,\theta) \cdot \varepsilon_g^{\lambda_0'}}{n^{\lambda_0'}} \cdot \left[\frac{P_0}{A(t,\theta)} \right]^{\lambda_0'/m} \cdot \left(\frac{h_d}{\varepsilon_g^3 \cdot a} \right)^{\lambda_0'} \tag{1-28}$$

式中,ε_g 为冻结壁相对径向位移,m;$D(t,\theta)$、λ_0'、n、m 分别为不同的试验参数。

格莫申斯基的试验较索维斯特尔的试验前进了一步,但是试验中冻结壁是在无压条件下形成的等温体,试验只对圆筒施加侧向压力,与实际工况条件下的冻结壁相差较大,不能准确反映原位冻结壁形成、受力以及变形状态。并且,其结论为致密黏土形成的冻结壁在变形很小的情况下就已破坏,而砂土冻结壁则刚好相反,这与工程实测结果相悖,需加以进一步验证(图1-8)。

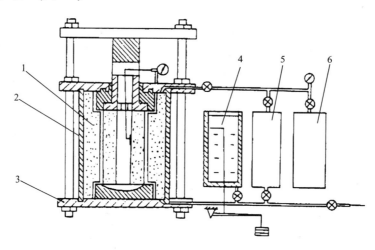

图1-8　格莫申斯基试验装置
1. 冻土圆筒模型;2. 钢制工作室;3. 底盘;4. 荷载器;5. 油箱;6. 气压瓶

德国 Bochum 大学 Jessberger(1989)等用离心机对冻结壁蠕变,即冻结壁变形与时间的关系进行了试验研究,试验中模型井壁直径 60mm,模型冻结壁厚和高分别为 32mm和 300mm。试验获得了不同时刻冻结壁径向蠕变变形沿冻结壁高度的分布曲线。但模型最大尺寸不到 500mm,对于井壁-冻结壁-未冻土复合体系来说,尺寸空间太小。因此,试验误差较大,只能作为半定量研究。

中国矿业大学大型立井模拟试验台的有效试验净高 2.4m,有效试验直径达 1.6m,试验压力可达 11.0MPa。崔广心等利用该试验台,选择砂土、黏土两种典型介质,对冻结壁的径向变形、外荷载、掘进段高、冻土温度和时间等参数间的关系以及冻结管变形、应力与冻结壁厚度的关系进行模拟试验，获得了冻结壁厚度与诸参数间的相互关系，证实了冻结壁整体强度不足是冻结管断裂的主要原因，通过试验获得了典型的冻结壁径向位移-时间曲线(卢清国，1988；杨维好，1993)。该试验所研究的冻结壁是严格按相似准则进行准备的，并且其冻结过程是在受压情况下进行的，更加接近工程实际(图 1-9)。

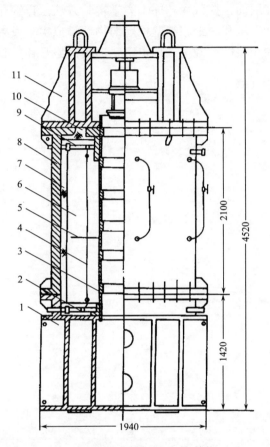

图 1-9　多功能竖井模拟试验台(单位：mm)

1. 底座；2. 供液圈；3. 内支承环；4. 冻结管；5. 热电偶串；6. 岩土；7. 侧囊；8. 外支承圈；9. 集液圈；

10. 顶囊；11. 上盖

　　王文顺(2007)利用该试验台，针对深度 400～700m 条件下的砂土和黏土冻结壁进行研究，实现在先加载后冻结的条件下的空帮和底鼓模拟。模拟试验中冻结壁的外载采用恒定的水平地压，而实际工程中冻结壁的外载随着时间和施工的过程是不断变化的，冻结壁的形成采用单圈冻结管，这和实际的多圈冻结形成的温度场间存在显著差异。

　　基于相似理论，考虑与土质有关的冻结壁蠕变参数、冻结壁强度、冻结管间距、掘进段高、冻结壁厚度、掘进速度、井帮暴露时间、井筒掘进直径、冻结孔布置圈径、地压等影响冻结壁变形的因素，郁楚侯等(1991)、杨平等(1995)利用国内首次研制成功的冻结壁三轴流变试验台，对冻结壁整体性能进行了模拟研究。但是采用深部冻土力学实验方法，考虑冻结法凿井施工力学行为的多圈冻结壁物理模拟试验还鲜有报道。

目前，我国已经有 400～800m 深度冻结凿井的案例，将来很有可能进行近 1000m 冲积层冻结凿井的工程建设。但是基于 400m 以浅的冻土力学和冻结壁稳定研究成果以及简单参数放大，难以适用 400m 以深的冻结壁设计与稳定评价的总体要求。基础研究的薄弱势必导致工程隐患，冻结壁厚度不合理带来的井壁问题已经初见端倪。

本书将从基础研究层面，探讨深部冻土力学实验方法，详细介绍深部冻土力学实验成果、深土冻结壁设计方法和深土冻结壁稳定的物理模拟实验成果等，这将与基于工程实际应用层面的深厚冲积层冻结壁工程稳定研究形成优势互补，共同促进我国冻结法凿井技术的进步。

第 2 章　深部冻土力学实验方法

本章将考虑深部土赋存条件和深部冻土形成过程，探讨更为贴近深部冻土原位条件的实验方法，即 K_0DCGF (Freezing with Non-uniform Temperature to a Stable Thermal Gradient under Loading after K_0 Drained Consolidation)方法：对饱和黏土进行 K_0 排水固结后，保持固结压力，进行不同温度梯度冻结的试验方法。当不考虑排水固结过程，而对饱和黏土进行不同温度梯度冻结，然后再加载的试验方法，为 GFC 方法(Consolidation after Freezing under Non-uniform Temperature to a Stable Thermal Gradient)。

2.1　基本原理

深部冻土力学实验方法的基本假设和理论依据(图 2-1)：

(1)饱和黏性土固结过程遵循压缩定律、回弹定律、渗透定律和有效应力原理；

(2)与正常固结过程相同，饱和黏土卸荷吸水回弹也具有"时间效应"，不同回弹时间对应的回弹曲线不同(如回弹曲线 BC)；

(3)正常固结或回弹线上(AB 为正常压缩曲线、BD 为正常回弹曲线)仍遵循 Rendulic 和 Henkel 有效应力与孔隙比唯一对应关系原理；

(4)土颗粒和水不可压缩,饱和黏土固结压缩(或回弹)过程中孔隙比减小(或增大)过程是其内部水不断排出(或吸收)的过程。

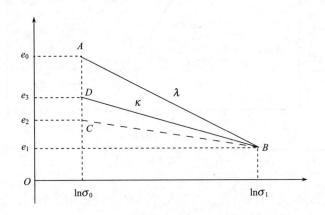

图 2-1　饱和黏土压缩回弹示意

深部土具有固结时间长、应力水平高、初始密实度大、含水率低等特点，其原位力学参数获取难度大，如何在室内通过重塑的方法逼近原位状态，既是试验的关键，也是试验的难点。为有效缩短饱和黏土 K_0 固结时间占总时间的比例，保证试样中含水量均匀，实现批量化试验的目的，同时满足 K_0 固结过程中"侧限"边界条件。将饱和黏土 K_0 固结、保持荷载进行不同温度梯度冻结的试验方法分解为三个步骤进行：①通过正常固结饱和黏土瞬间卸荷回弹后的饱和含水量试验获得初始制样标准；②通过静止土压力系数试验获得正常固结饱和黏土 K_0 系数；③按照步骤①中确定的制样标准和步骤②中的 K_0 系数进行不同温度梯度冻结黏土 K_0 固结、冻结、三轴剪切或蠕变试验。

2.2　试　验　流　程

试验用土为取自山东巨野煤田深部 500～530 m 处褐色膨胀原状黏土，在室内烘干、粉碎并重塑。

采用比重计法对黏土比重进行测试，按照规范测试两组，两组数据误差在允许范围之内，取平均值为 2.715。该黏土中粒径小于 0.005 mm 的颗粒占总质量的 47.6%，粒径大于 0.005 mm 而小于 0.075 mm 的颗粒占总质量的 42.3%，粒径大于 0.075 mm 小于而 0.250 mm 的占总质量的 10.1%，如图 2-2 所示。采用光电联合液塑限仪对黏土的液塑限进行测量，按照规范分别取下沉 2 mm 和 17 mm 的含水量为塑限含水量和液限含水量，实测数据分别为 23.7% 和 51.9%，塑性指数为 28.2。根据液限、塑性指数以及颗粒分析结果，试验所用黏土为典型高液限黏土。

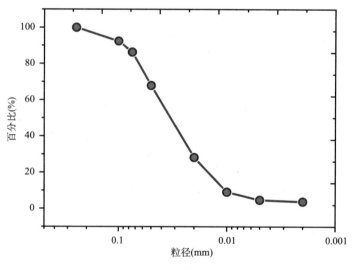

图 2-2　颗粒级配曲线

采用 D/Max-3B 型 X 射线衍射仪对黏土组成成分进行定量分析，分析按照国家标准 GB 5225—1986 的 K 值法进行，结果如表 2-1 所示。

表 2-1　矿物成分

矿物成分	蒙脱石	石英	伊利石	高岭石	方解石	伊蒙混层	绿泥石	长石	石膏	其他
占比(%)	45	20	6.50	8.30	6.10	8.80	2.50	1.30	0.30	1.20

由表 2-1 可见，黏土矿物组成中含有较多的蒙脱石，其次为石英，有部分伊利石、高岭石、伊蒙混层、方解石和少量绿泥石、长石、石膏等矿物。其中蒙脱石以钙蒙脱石为主，伊蒙混层中蒙脱石较多。

当饱和黏土固结压力不超过 3.2MPa 时，分别按照 2.2.1 节、2.2.2 节、2.2.3 节中步骤实现 K_0DCGF 试验。

2.2.1 正常固结饱和黏土瞬间卸荷回弹后饱和含水量试验

试验主要目的是获得不同固结压力饱和黏土瞬间卸荷回弹后的饱和含水量和干密度。过程如下：

(1) 按照图 2-1 中 A 点对应的干密度 ρ_d^0 为 1.42g/cm³、饱和含水量 w_0 为 33.59%的标准进行饱和黏土试样制备。将风干土样分 5～10 层均匀压入圆形模具中，制备成直径 61.8mm、高度 20mm 的重塑黏土土样。为保证黏土试样成型，风干土样的初始含水量为 20%。将压制成型的黏土试样固定在叠式饱和仪中，并放入真空饱和缸内抽气 1h，然后缓慢注入无气蒸馏水，让试样充分吸水饱和 24 h 以上。最后将试样小心取出，精确称量实际吸水量。计算结果表明黏土试样的平均饱和度接近 100%。

(2) 将试样置于 TGJ-1 型高压固结仪中，并按顺序安放透水石、滤纸和压盖。根据常规土工试验规程，按照 0.025MPa、0.050MPa、0.1MPa、0.2MPa、0.4MPa、0.8MPa、1.6MPa、3.2MPa、4.0MPa 顺序依次施加固结压力 σ_1，每级压力作用下试样固结完成的标准为每小时变形量不超过 0.01mm，相应变形速率为 0.0005/h(《土工试验方法标准》GB/T 50123—1999)。计算各级压力下孔隙比、饱和含水量 w_1 和相应的干密度 ρ_d^1。此过程对应图 2-1 中的正常固结压缩曲线 AB。

(3) 瞬间卸除固结压力 σ_1，取出黏土试样。取除滤纸并擦干试样上下表面残留水分。取试样上部、中间、下部三个点测量含水量，并取平均值作为瞬间卸荷后试样含水量 w_2。此过程位于图 2-1 中路径瞬间回弹曲线 BC 上。

(4) 处理压缩量和固结压力之间关系数据，获得 e-$\ln\sigma_1$ 曲线。按照 Casagrande 方法确定先期固结压力 σ_0，将 e-$\ln\sigma_1$ 曲线上固结压力 $\sigma_1 > \sigma_0$ 的曲线拟合获得正常固结土的压缩指数 λ。同时根据步骤(3)中的孔隙比 e_2 和正常压缩到 4MPa 下的孔隙比 e_1 获得瞬间回弹指数，并和基于高压直剪仪固结结果(商翔宇，2009)中固结压力 $\sigma_1 < 4$MPa 的压缩指数对比，验证 TGJ-1 型高压固结结果的可靠性。

(5) 如果步骤(4)中的结论与高压直剪仪固结结果吻合。则按照上述标准进行 $\sigma_1 = 3.2$MPa 条件下的固结、瞬间卸荷回弹试验，获得固结压力 3.2MPa，饱和黏土正常固结瞬间回弹后的干密度 ρ_d^2、饱和含水量 w_2。如不吻合，则重新试验。

2.2.2 正常固结饱和黏土静止土压力系数试验

试验主要目的是获得正常固结饱和黏土的静止土压力系数，为不同温度梯度冻土试验中固结过程提供可靠的力学边界条件，此过程相当于图 2-1 中的回弹再压缩曲线 CB。试验按以下步骤进行：

(1) 按照 2.2.1 节中获得的固结压力为 3.2MPa、干密度为 ρ_d^2、饱和含水量为 w_2 进行饱和黏土试样的配制工作。并将配好的试样分 5～10 层均匀压入圆形模具中，制备成直径 61.8mm、高度 20 mm 的重塑饱和黏土试样。

(2) 将步骤(1)中制备好的饱和黏土试样放入 SKA-1 型固结仪中，将量程 4mm、精度 0.001mm 的径向变形传感器固定在试样的中间位置，密封压力室，充满无气的液压油，连接测试导线。按照 0.05MPa/min 的速度逐级施加轴向压力，并通过伺服控制试样中间变形增量为零。

(3) 当轴向压力 σ_1 达到 3.2MPa 后，保持轴压、围压直至试样轴向变形速率 <0.0005/h(与饱和黏土固结标准相同)，记录相应的围压 σ_3，按照静止土压力系数定义 $K_0 = \sigma_3/\sigma_1$ 计算静止土压力系数。

(4) 验证根据 K_0 压缩数据分析固结到 3.2MPa 后饱和黏土的含水量与 2.2.1 节中正常固结到 3.2MPa 后的干密度 ρ_d^1、饱和含水量 w_1 是否吻合。

2.2.3　温度梯度冻土试验

(1) 按照 2.2.1 节中获得的固结压力为 3.2MPa、干密度为 ρ_d^2、饱和含水量为 w_2 进行饱和黏土试样的配制工作。并将配好的试样分 5～10 层均匀压入圆形模具中，制备成直径为 100 mm、高度为 200 mm 的重塑饱和黏土试样。

(2) 将步骤(1)中制备好的饱和黏土试样放在 TATW-500 冻土试验机的底座上，密封乳胶膜，并固定热敏电阻、径向变形传感器，最后密封压力室。按照和 2.2.2 节中固结压力为 3.2MPa 的饱和黏土静止土压力系数，保证轴压的加载速率为 0.05MPa/min，相应的围压加载速率为 0.05× K_0 MPa/min，直至轴压达到 3.2MPa。

(3) 维持步骤(2)中的固结压力，观测试样中间位置径向变形，以验证 K_0 固结试验中"侧限"条件是否得到满足，直至试样轴向变形速率<0.0005/h(此标准与 2.2.1 节、2.2.2 节中保持相同)。

(4) 维持步骤(3)中的固结压力，启动三端制冷系统，进行冻结，直至达到设定的温度梯度。

(5) 维持上述压力和温度，进行三轴剪切或蠕变试验。三轴剪切试验应变控制速率 0.2mm/min。当试样轴向压缩量>20%后，停止加载，吹出压力室的液压油，卸除压力室，取出试样，量测冻土试样不同高度处的最终径向膨胀量、垂向压缩量、体积改变量以及试样不同高度处的密度、含水量。

当饱和黏土固结压力高于 3.2MPa 时，在高压直剪仪固结结果基础上(商翔宇，2009)，按如下步骤进行：

(1) 按照 2.2.1 节中获得的压缩指数和瞬间回弹指数进行固结压力高于 3.2MPa 的饱和黏土试样制备，制备方法的固结压力为 3.2MPa。

(2) 如果正常固结饱和黏土静止土压力系数试验最终所得含水量大于高压直剪仪结果，则降低初始制样所采用的含水量，直至固结到相同压力后试样的含水量与高压直剪仪结果达到设定误差内(0.5%～1.0%)。

(3) 按照步骤(2)中所确定的不同固结压力下瞬间卸荷回弹之后的干密度、饱和含水量进行静止土压力系数试验和冻土试验所需试样制备。

(4) 按照 2.2.2 节和 2.2.3 节中相同的方法进行静止土压力系数试验和温度梯度冻土试验。

2.3　试验装置

K$_0$DCGF 试验装置主要由饱和土样制备装置、正常固结饱和黏土瞬间卸荷回弹含水量试验装置、静止土压力系数试验装置以及不同温度梯度冻土试验装置三部分组成。

2.3.1　饱和土试样制备装置

设计三套不同尺寸的制样器，即高度为 20 mm、直径为 61.8 mm，高度为 125 mm、直径为 61.8 mm 和高度为 200 mm、直径为 100 mm。制样器主要由圆形压盘、压杆和设有透气孔的压头以及圆筒形压力室组成。能够满足高压、长时、稳定的要求，各部分如图 2-3 所示。

(a) 压头及压杆　　　　　　　　　(b) 圆筒形压力室

(c) 压头下半部分　　　　　(d) 压头上半部分　　　　　(e) 压头全图

图 2-3　制样器

2.3.2　正常固结饱和黏土瞬间卸荷后饱和含水量试验装置

正常固结饱和黏土瞬间卸荷后的饱和含水量试验在自行研制的 TGJ-1 型高压固结仪上进行，如图 2-4 所示。最大试样面积 78.5cm^2，采用杠杆加载，最大杠杆比 40：1，固结压力范围 0.0125～19.2MPa。

图 2-4　TGJ-1 型高压固结仪

2.3.3　正常固结饱和黏土静止土压力系数试验装置

正常固结饱和黏土静止土压力系数试验在自行研制的 SKA-1 型固结仪上进行，如图 2-5 所示。

图 2-5　SKA-1 型固结仪

2.3.4 温度梯度冻土三轴试验装置

温度梯度冻土力学试验在自行研制的 TATW-500 冻土三轴试验装置上完成。该装置主要由加载系统、测控系统、制冷系统以及冷却保温系统等组成。

1. 加载系统

TATW-500 的加载系统主要由轴压加载系统、围压加载系统组成。压力室采用上配备相应的自平衡活塞，能够保证在施加围压的过程中活塞的稳定，达到互不干扰的目的。如图 2-6 所示。

图 2-6　自平衡压力室

TATW-500 冻土三轴试验装置可施加最大轴向压力 500kN，精度±5N，最大围压 20MPa，精度±2kPa。轴向位移传感器最大量程 150mm(±75 mm)，精度±1%，径向位移传感器量程 12mm，精度±0.001mm，参数详见表 2-2。试验前对轴向位移传感器和径向位移传感器进行标定，结果见表 2-3。轴向负荷采用 BHR4 型负荷传感器进行标定，围压采用 0.4 级型号为 YB-150A 型精密压力表进行标定，结果如表 2-4 所示。

2. 测控系统

测控系统主要由 PC 机终端、控制器、各类传感器组成。试验时，根据试验设计，计算机发出指令，经控制器控制轴向压力(或轴向位移，或轴向变形)，围压(或径向位移，或径向变形)，经过传感器进行反馈后，实现对试验全过程的控制和调节。测量及控制过程如图 2-7 所示。

表 2-2 TATW-500 冻土三轴试验机主要参数

项目	参数	项目	参数
最大轴向试验力(kN)	500	振幅(mm)	±(0.01～1)
轴向试验力范围	2%～100%	频率精度	±0.1%
轴向试验力精度	±1%	最大轴向位移(mm)	150(±75)
轴向试验力分辨率(N)	5	轴向位移精度	±1%
最大围压(MPa)	20	体变最小分度值(mL)	0.1
围压测量范围	2%～100%	试样规格(mm)	$\phi\,300\times600$ $\phi\,200\times400$ $\phi\,100\times200$ $\phi\,61.8\times125$
围压测量精度	±1%	主机外形尺寸(mm)	4050×1090×3800
围压压力分辨率(MPa)	0.002	油泵流量(l/min)	63
孔隙压力测量范围	0～15	油泵用电机功率(kW)	30
孔隙压力测量精度	0.005	伺服油源外形尺寸(长×宽×高)(mm)	1200×500×1000
轴向试验力频率(Hz)	0～10	总功率(kW)	36

表 2-3 径向变形与轴向变形标定结果

项目	真实值(mm)	测量值(mm)	标定系数	项目	真实值(mm)	测量值(mm)	标定系数
径向变形	1	1.005	0.9958	轴向变形	1	0.8997	0.8996
	2	2.008			5	4.497	
	4	4.018			10	8.994	
	6	6.039			20	17.9916	
	8	8.004			30	26.9868	
	10	9.954			40	35.9844	
	12	11.88			50	44.9784	

表 2-4 轴向负荷与围压标定结果

项目	真实值(mm)	测量值(mm)	标定系数	项目	真实值(mm)	测量值(mm)	标定系数
轴向负荷	0	1.8	0.9987	围压	0	0.18	0.9998
	30	30.0			5	5.00	
	60	60.0			10	9.95	
	90	90.0			15	15.00	
	120	120.0			20	20.00	
	150	150.0			25	24.95	

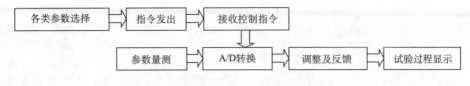

图 2-7 自动控制原理

3. 制冷系统

制冷系统由冷源、酒精循泵及管路、压力室冷液循环装置及自动控制装置组成。冷源分为上冷源、下冷源、中间冷源，如图 2-8 所示，分别对冻结黏土试样的上、下、周围进行制冷和温度控制操作。其中上、下冷源为超低温恒温循环液浴两用槽(XT5301a-bs3020-D31-R60C)，输出温度范围为–60～90℃，温度波动为±0.05℃。中间冷源为低温恒温循环液浴两用槽(XT5201-D31-R50HG)，输出温度范围为–50～90℃，温度波动为±0.05℃。

图 2-8 制冷系统

4. 冷却保温系统

冷却系统包括轴向加载系统(液压源油泵)的冷却装置、三端制冷系统的冷却以及试验环境空间温度的控制。轴向加载系统的冷却装置分别由水循环池、2LQF4W 型列管式油冷却器、冷却管、清水泵组成，如图 2-9 所示。冻土试样上端、下端、中间端制冷系统的冷却分别由三套独立的水循环降温系统控制，以保证制冷系统能够长时间的安全、稳定进行。试验环境空间的温度控制主要通过型号为 KFRd-60LW/E1-S4 的海尔立式空调完成。此外，试验过程中在冻土压力室的外围通过厚度为 4cm 的聚四氟乙烯板包裹进行二次保温。

TATW-500 冻土三轴试验系统见图 2-10。

图 2-9　冷却系统

图 2-10　TATW-500 冻土三轴试验系统

2.4　试　验　效　果

本节将对 K_0DCGF 试验所涉及固结仪中固结结果进行对比分析，主要目的是：①验证基于不同仪器固结所得含水量之间，以及与高压直剪仪固结所得含水量(基于高压直剪仪固结结果)(商翔宇，2009)是否相同；②不同仪器中静止土压力系数试验所需"侧限"条件是否满足。固结压力统一选择 3.2MPa。

2.4.1　TGJ-1 型固结仪固结结果

表 2-5 为 No.1～No.6 饱和黏土试样固结所得压缩指数，可以看出，从 TGJ-1 型固结仪中所得压缩指数均值为 0.107，而高压直剪仪所得压缩指数为 0.105，二者基本吻合。说明基于 TGJ-1 型固结仪进行固结、卸荷回弹试验所得结果是可靠的。

表 2-5　压缩指数

1	2	3	4	5	6	平均	高压直剪仪结果
0.107	0.105	0.108	0.110	0.104	0.110	0.107	0.105

2.4.2　SKA-1 型固结仪固结结果

SKA-1 型 K_0 固结仪固结结果验证分两个方面：①固结后干密度、饱和含水量；②静止土压力系数试验所需"侧限"条件。表 2-6 为饱和黏土在 SKA-1 型 K_0 固结仪中结果。

表 2-6　SKA-1 型固结仪结果

序号	轴压(MPa)	含水量(%)	干密度(g/cm³)	初始孔隙比	固结后孔隙比
1		19.030	1.790	0.551	0.517
2		18.268	1.815	0.551	0.496
3	3.2	19.391	1.778	0.551	0.527
4		18.854	1.796	0.551	0.512
5		19.211	1.784	0.551	0.522
平均		18.951	1.793	0.551	0.515

从表 2-6 中可以看出，No.1～No.5 试样在 SKA-1 型固结仪中固结所得干密度介于 1.778～1.815g/cm³，平均干密度 1.793g/cm³，平均含水量 18.951%。TGJ-1 型固结仪中固结所得平均干密度 1.818g/cm³，平均含水量为 18.159%。高压直剪仪固结所得平均干密度为 1.761g/cm³，平均含水量为 19.95%。由此可见，SKA-1 型固结仪与 TGJ-1 型固结仪和高压直剪仪固结结果基本相同。

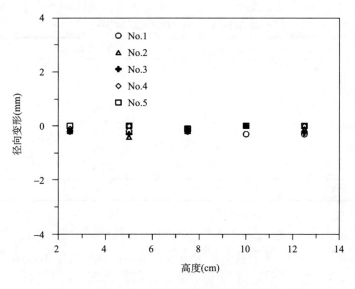

图 2-11　静止土压力系数试验后的试样径向变形

　　从图 2-11 中可以看出，饱和黏土试样的径向变形基本保持不变，且不同高度处试样的径向变形分布均匀。结合图 2-12，可见 SKA-1 型固结仪中静止土压力系数试验所需"侧限"条件得以满足。需要指出的是，SKA-1 型固结仪固结过程是基于柔性变形控制方式，不同于传统的刚性控制方式。

图 2-12　静止土压力系数试验后的试样

2.4.3　TATW-500 固结结果

　　TATW-500 冻土三轴试验系统中固结结果验证分两个方面进行：①固结后饱和含水量和干密度验证；②K_0 固结过程中的"侧限"边界条件验证。表 2-7 为饱和黏土在 TATW-500 系统中固结结果。

表 2-7　TATW-500 中固结结果

序号	含水量(%)	干密度(g/cm³)	初始孔隙比	固结后孔隙比
1	19.599	1.807	0.551	0.502
2	19.524	1.814	0.551	0.497
3	19.520	1.814	0.551	0.497
4	19.261	1.837	0.551	0.478
5	19.267	1.836	0.551	0.479
6	19.393	1.825	0.551	0.488
平均	19.427	1.822	0.551	0.490

　　从表 2-7 中可以看出：冻土试验过程中，饱和土样固结后内部平均含水量为 19.427%，平均干密度为 1.822g/cm³，与 TGJ-1 型固结仪以及高压直剪仪中所得结果基本相同。

　　图 2-13 为 TATW-500 固结过程中饱和黏土径向变形曲线。可以看出，固结初始阶段变形略有收缩(收缩为正，膨胀为负)，但 50min 之后趋于稳定，基本维持在零点位置，

因此,考虑到试样尺度变大带来的侧向变形控制难度,TATW-500 上固结过程中"侧限"条件基本能够满足。

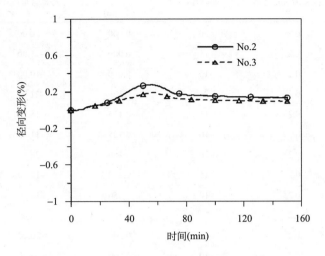

图 2-13　TATW-500 固结过程中试样径向变形

2.5　温　度　梯　度

2.5.1　温度梯度设计

温度设计主要考虑多圈管冻结形成冻结壁的实际温度分布和试验中便于量化对比的原则。温度梯度和平均温度按表 2-8 进行选取。

表 2-8 关于温度梯度设计有几点需要特别指出:

(1)冻土试样温度控制点分别为距冻土试样上表面(冷端)距离分别为 2cm、6cm、10cm、14cm、18cm。

(2) 试样冷端温度指冻土上表面温度,暖端温度则指冻土下表面温度。各测点温度测试采用 MF5E-2.202F 型热敏电阻并配备 Data-Taker800 数据采集仪。

(3)各控制点温度在冻土试样加载过程中保持恒定,但由于冻土试样的高度在加载过程中的逐渐减小造成冻土试样实际温度梯度不断增大,但平均温度始终保持恒定。

(4)所指温度梯度均为冻土试样在加载之前的初始温度梯度。

试验过程中通过敷设在乳胶膜表面的热敏电阻进行监测。热敏电阻主要技术参数如表 2-9 所示。

2.5.2　温度梯度验证

图 2-14 给出平均温度为–20℃,不同温度梯度冻土在 K_0DCGF 试验和 GFC 试验过程中温度场实测结果。

表 2-8　温度梯度

序号	压缩速率(mm/min)	平均温度(℃)	温度梯度(℃/cm)	冷端温度(℃)	暖端温度(℃)
1	0.2	−20	0.000	−20.00	−20.00
2	0.2	−15	0.000	−15.00	−15.00
3	0.2	−10	0.000	−10.00	−10.00
4	0.2	−20	0.125	−21.25	−18.75
5	0.2	−15	0.125	−16.25	−13.75
6	0.2	−10	0.125	−11.25	−8.750
7	0.2	−20	0.250	−22.50	−17.50
8	0.2	−15	0.250	−17.50	−12.50
9	0.2	−10	0.250	−12.50	−7.50
10	0.2	−20	0.500	−25.00	−15.00
11	0.2	−15	0.500	−20.00	−10.00
12	0.2	−10	0.500	−15.00	−5.00
13	0.2	−20	0.750	−27.50	−12.50
14	0.2	−15	0.750	−22.50	−7.50
15	0.2	−10	0.750	−17.50	−2.50

表 2-9　热敏电阻基本参数

25℃标称电阻值(kΩ)	0 电阻值允许误差(%)	$B_{25/50}$	B 值允许误差(%)	测温范围(℃)
2.252	±0.1	3935	±1	−40~100

从图 2-14 不同温度梯度冻土试验过程中的温度场分布可知，三轴剪切试验中(以 0.2mm/min 的轴向应变加载速率计算，轴向变形达到 20%时所需时间约为 4h)，冻土试样各测点的温度随加载时间增加基本保持稳定，温度波动范围介于 0.1~0.3℃，与设计温度梯度之间吻合良好。

2.5.3　径向温度验证

图 2-15 为试验过程中不同冻土试样横截面高度处，距冷端距离分别为 2cm、10cm、18cm，冻土径向中心位置温度与相同高度处冻土表面温度差值在试验过程中的演变规律。图 2-16 为 GFC 试验过程中不同热敏电阻固定方式对冻土无侧限压缩应力-应变曲线影响规律曲线，温度梯度 0.125℃/cm。

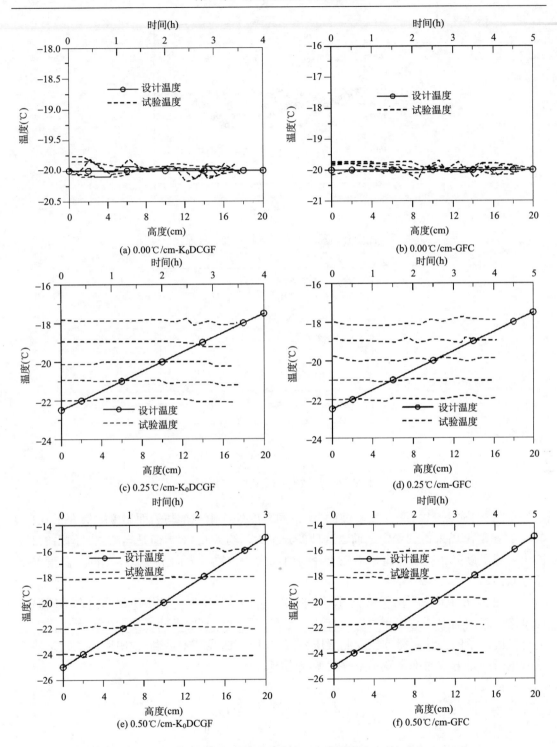

图 2-14　温度梯度设计与实测分布

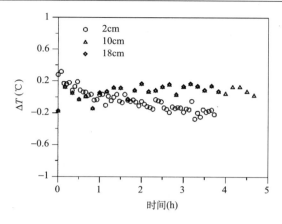

图 2-15　径向中心位置与表面温度差

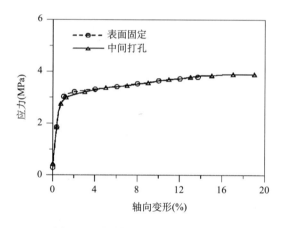

图 2-16　热敏电阻固定方式的影响

从图 2-15 中可以看出,试验过程中,不同高度处冻土内部与表面温度差值介于 0.1~0.3℃;在温度场未达到稳定之前,这种差异稍大,约为 0.3℃,但是当冻结时间足够长,冻土内部温度分布趋于稳定,沿冻土径向内部中心位置与表面温度基本相同,温度差不超过 0.1℃。

从图 2-16 中可知,由于试验过程中试样尺寸较大,通过将热敏电阻固定在不同温度梯度冻土表面的方法与将热敏电阻打孔固定在相同试样高度不同温度梯度冻土试样内部进行温度测量的方法所得冻土无侧限压缩应力-应变曲线基本重合。说明所述试验条件下热敏电阻固定方式对冻土变形不存在明显影响。

2.6　小　　结

(1) 首次提出了 K_0DCGF 实验方法。从提高试验效率角度出发,将 K_0DCGF 方法分解为三个子试验过程:正常固结饱和黏土瞬间卸荷回弹后的饱和含水量试验、正常固结黏土静止土压力系数试验、温度梯度冻土试验。

(2) 自主研发了适应 K_0DCGF 方法三个子试验过程实验所需的仪器装置：高压固结仪，柔性控制 K_0 仪，温度梯度冻土试验装置，并对相关装置和配套测量技术进行了率定。

(3) 开展了 K_0DCGF 方法中三个子试验过程涉及的不同类仪器装置固结结果和静止土压力系数试验所需"侧限"条件对比验证试验，初步证明了试验过程的合理和可靠。

(4) 考虑深部非均质厚冻结壁的实际温度、荷载条件，设计了 K_0DCGF 方法所需温度梯度和平均温度条件。

第 3 章　深部土静止土压力系数实验

正常固结饱和黏土静止土压力系数不仅是 K_0DCGF 方法实施的关键基础，也是研究深部非均质厚冻结壁水平外载(冻胀力)的前提。本章将详细介绍饱和黏土静止土压力系数实验及其演变规律。

3.1　变形摄动影响

静止土压力系数试验获得的 K_0 系数准确与否与以下三个因素密切相关：①饱和土样的固结程度；②静止土压力系数试验所需"侧限"边界条件；③试验过程中土样径向变形摄动影响。深部土由于其具有初始固结压力高、密实度大等特点，变形摄动的影响将比其对常规软土的影响大。根据第 2 章中 K_0DCGF 试验方法及相关验证试验可知，因素①和因素②均满足。以下将对径向变形摄动对静止土压力系数影响进行分析。

图 3-1 中给出两组关于变形摄动对静止土压力系数影响的试验结果。图中虚线为静止土压力系数变化曲线，实线为径向变形摄动情况。

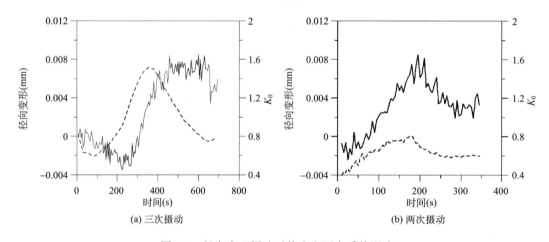

图 3-1　径向变形摄动对静止土压力系数影响

图 3-1(a)中进行了三次摄动，第一次摄动为膨胀摄动(变形内缩为正，膨胀为负)，膨胀量为 0.004mm；第二次进行内缩摄动，内缩量为 0.012 mm；第三次摄动为膨胀摄动，膨胀量为 0.002mm。图 3-1(b)中进行两次摄动，第一次为内缩摄动，内缩量为 0.01 mm；第二次为膨胀摄动，膨胀量为 0.006mm。

可以看出，图 3-1(a)中对应的静止土压力系数受变形摄动影响，其变化规律呈现出降低，增加，再降低规律。而图 3-1(b)中静止土压力系数则呈现出增加，降低规律。也就是说，径向变形膨胀，所得 K_0 降低，而径向变形内缩，所得 K_0 则偏高。

图 3-1(a)中三次摄动，最终径向变形向内缩 0.006mm，而图 3-2(b)最终径向变形向内缩 0.004mm，前者的内缩变形量超出后者 0.002mm。并最终影响到固结到 3.2MPa 后所得静止土压力系数。图 3-1(a)和图 3-1(b)的摄动影响所得静止土压力系数分别为 0.80 和 0.76，如图 3-2 所示。

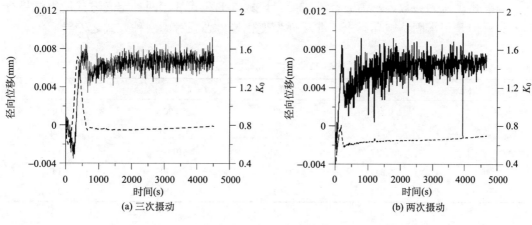

图 3-2　静止土压力系数

可见，受深部黏土在高压固结后的致密程度影响，即便试样最终变形满足"侧限"条件，但试验过程中，径向变形的微小变化也会影响静止土压力系数的取值。

3.2　静止土压力系数试验结果

为消除试验过程中边界摄动对试验结果的影响，在不同固结压力下进行 3～5 组静止土压力系数试验，取其平均值连同固结后的干密度、含水量、孔隙比等列于表 3-1 中。

表 3-1　不同固结压力对应的静止土压力系数

固结压力(MPa)	静止土压力系数	含水量(%)	干密度(g/cm³)	孔隙比
3.2	0.770	18.951	1.793	0.515
6.0	0.784	17.119	1.854	0.465
8.0	0.812	16.046	1.891	0.436
10.0	0.843	16.015	1.892	0.435
12.0	0.882	15.410	1.914	0.418

从表 3-1 中可以看出，高应力水平作用下不同固结压力静止土压力系数并非保持为常值，而是伴随固结压力增加而"非线性"增加。

静止土压力系数有两种定义方式，全量形式为

$$K_0 = \frac{\sigma_3}{\sigma_1} \tag{3-1}$$

增量形式为

$$K_0 = \frac{\Delta\sigma_3}{\Delta\sigma_1} \tag{3-2}$$

式中，σ_3 为围压，σ_1 为轴压，均为有效应力。

当静止土压力系数为常值时，不需要考虑式(3-1)和式(3-2)两种定义方式所得结果之间差异。但是正常固结饱和黏土"非线性"变化趋势必须考虑两种方式之差异。

表 3-2　式(3-1)和式(3-2)静止土压力系数结果

固结压力(MPa)	全量	增量	(增量–全量)/全量	增量/全量
3.2	0.770	0.770	0.000	1.000
6.0	0.784	0.800	2.041	1.020
8.0	0.812	0.896	10.345	1.103
10.0	0.843	0.967	14.709	1.147
12.0	0.882	1.077	22.109	1.221

从表 3-2 中可以看出，增量 K_0 结果是全量 K_0 结果的 1.020～1.221 倍，且伴随固结压力增加，这种趋势不断增大，如图 3-3 所示。

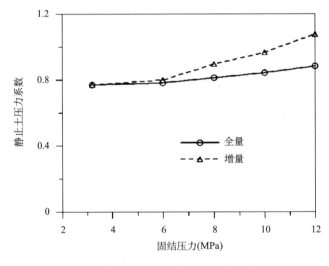

图 3-3　全量与增量静止土压力系数

根据图 3-3 所示，全量静止土压力系数与固结压力之间关系满足指数函数关系：

$$K_0 = 0.7226\mathrm{e}^{0.0157\sigma_1} \tag{3-3}$$

而增量 K_0 与固结压力之间亦满足指数函数关系：

$$K_0 = 0.658\mathrm{e}^{0.00393\sigma_1} \tag{3-4}$$

图 3-4 和图 3-5 为全量静止土压力系数和增量静止土压力系数与饱和含水量或与孔隙比之间的关系曲线。可以看出，全量静止土压力系数或增量静止土压力系数与饱和含

水量或孔隙比之间具有线性关系，但增量静止土压力系数与饱和含水量或孔隙比之间的线性关系没有全量静止土压力系数明显。可以认为静止土压力系数与固结压力之间的"非线性"变化关系是 K_0 与含水量(或孔隙比)线性变化的一种宏观反映。

根据 Ting 等(1994)对过饱和高岭土静止土压力系数试验研究结果，本书正常固结饱和黏土所得全量静止土压力系数 K_0 ($\geqslant 3.2\text{MPa}$)与饱和含水量或孔隙比之间接近线性关系：

$$K_0 = -0.0729w + 1.2851 \tag{3-5}$$

或

$$K_0 = -1.0258e + 1.2837 \tag{3-6}$$

而增量静止土压力系数与饱和含水量以及固结压力之间关系式(3-5)中系数分别为 -0.0777、2.2，式(3-6)中系数分别为 -2.851、2.1958。

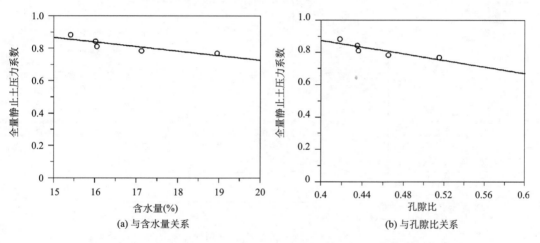

图 3-4　全量静止土压力系数与含水量或孔隙比之间关系曲线

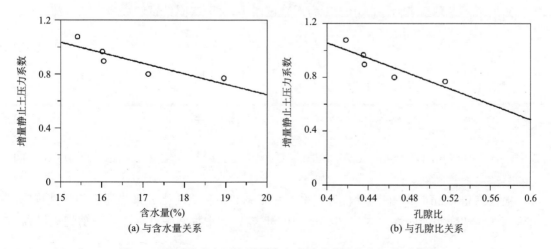

图 3-5　增量静止土压力系数与含水量或孔隙比之间关系曲线

　　在高压固结仪或高压直剪仪中，如果不能准确量测饱和黏土所受到的水平压力，就可以根据式(3-3)～式(3-6)估计饱和土在特定的固结压力下的静止土压力系数。

　　确定静止土压力系数的理论主要有：亚塑性理论(史宏彦，2000)、临界土力学理论(Federico et al.，2009)以及二者的结合。临界土力学理论有完备的理论体系。下节将基于临界土力学理论对饱和黏土静止土压力系数作进一步分析。

3.3　静止土压力系数理论研究

3.3.1　基于临界土力学理论的静止土压力系数

　　刚性压力室中，径向变形约束和轴向加荷条件下的静止土压力系数试验过程，饱和土样体应变增量 $\mathrm{d}\varepsilon_\mathrm{v}^\mathrm{t}$ 和偏应变增量 $\mathrm{d}\varepsilon_\mathrm{s}^\mathrm{t}$ 满足以下关系：

$$\left(\frac{\mathrm{d}\varepsilon_\mathrm{v}^\mathrm{t}}{\mathrm{d}\varepsilon_\mathrm{s}^\mathrm{t}}\right)_{K_0} = \left(\frac{\mathrm{d}\varepsilon_\mathrm{v}^\mathrm{p} + \mathrm{d}\varepsilon_\mathrm{v}^\mathrm{e}}{\mathrm{d}\varepsilon_\mathrm{s}^\mathrm{p} + \mathrm{d}\varepsilon_\mathrm{s}^\mathrm{e}}\right)_{K_0} = \frac{3}{2} \tag{3-7}$$

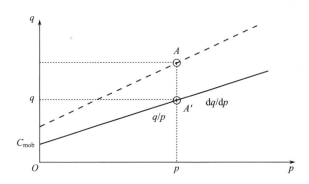

图 3-6　饱和黏土 K_0 压缩路径

　　如果不考虑黏结应力，静止土压力系数试验中，即 K_0 固结试验中有

$$\left(\frac{\mathrm{d}q}{\mathrm{d}p}\right) = \left(\frac{q}{p}\right)_{K_0} \Leftrightarrow \left(\frac{\mathrm{d}q}{q}\right) = \left(\frac{\mathrm{d}p}{p}\right)_{K_0} \tag{3-8}$$

　　根据图 3-6 实线所示，将式(3-8)转化为

$$\left(\frac{\mathrm{d}q}{\mathrm{d}p}\right) = \left(\frac{q}{p+\sigma^\mathrm{c}}\right)_{K_0} \Leftrightarrow \left(\frac{\mathrm{d}q}{q}\right) = \left(\frac{\mathrm{d}p}{p+\sigma^\mathrm{c}}\right)_{K_0} \tag{3-9}$$

式中，σ^c 为点 (p,q) 与点 $(p+\mathrm{d}p, q+\mathrm{d}q)$ 连线反向延长线与 p 轴交点坐标，即 $p-q$ 平面上的黏结应力。

　　根据修正 Cam-Clay 的弹性模型，采用膨胀系数 κ 和泊松比 μ 来描述土的弹性响应，由压缩曲线和膨胀曲线性质求出切线体积模量 K_0，并根据线弹性理论导出剪切模量 G，即

$$K = \frac{\partial p}{\partial \varepsilon_\mathrm{v}^\mathrm{e}} = \frac{1+e}{\kappa} \cdot p = \frac{vp}{\kappa} \tag{3-10}$$

$$G = \frac{3(1-2\mu)}{2(1+\mu)} \cdot K = \frac{3(1-2\mu)}{2(1+\mu)} \cdot \frac{v \cdot p}{\kappa} \qquad (3\text{-}11)$$

则弹性体应变增量 $d\varepsilon_v^e$ 和弹性偏应变增量 $d\varepsilon_s^e$ 分别为

$$d\varepsilon_v^e = \frac{dp}{K} = \frac{\kappa}{v} \cdot \frac{dp}{p} \qquad (3\text{-}12)$$

$$d\varepsilon_s^e = \frac{dq}{3G} = \frac{2(1+\mu)}{9(1-2\mu)} \cdot \frac{\kappa}{v} \cdot \frac{dq}{p} \qquad (3\text{-}13)$$

式中，$v = 1 + e_0$ 为比容(e_0 为试样的初始孔隙比)。

修正 Cam-Clay 模型的屈服函数为

$$f = \frac{\lambda - \kappa}{1 + e_0} \cdot \ln\frac{p}{p_0} + \frac{\lambda - \kappa}{1 + e_0} \cdot \ln\left(1 + \frac{q^2}{M^2 \cdot p^2}\right) - \varepsilon_v^p = 0 \qquad (3\text{-}14)$$

根据一致性条件 $df = \dfrac{\partial f}{\partial p} \cdot dp + \dfrac{\partial f}{\partial q} \cdot dq + \dfrac{\partial f}{\partial \varepsilon_v^p} \cdot d\varepsilon_v^p$，即

$$\frac{\partial f}{\partial p} = \frac{\lambda - \kappa}{1 + e_0} \cdot \frac{1}{p} \cdot \frac{M^2 \cdot p^2 - q^2}{M^2 \cdot p^2 + q^2} \qquad (3\text{-}15)$$

$$\frac{\partial f}{\partial q} = \frac{\lambda - \kappa}{1 + e_0} \cdot \frac{1}{p} \cdot \frac{2q}{M^2 \cdot p^2 + q^2} \qquad (3\text{-}16)$$

$$\frac{\partial f}{\partial \sigma_{ij}} = \frac{\lambda - \kappa}{1 + e_0} \cdot \left[\frac{M^2 \cdot p^2 - q^2}{M^2 \cdot p^2 + q^2} \cdot \frac{\delta_{ij}}{3p} + \frac{3(\sigma_{ij} - p \cdot \delta_{ij})}{M^2 \cdot p^2 + q^2} \right] \qquad (3\text{-}17)$$

将 $d\varepsilon_v^p = d\lambda \cdot \dfrac{\partial f}{\partial p}$ 代入则有

$$d\lambda = dp + \frac{2p \cdot q}{M^2 \cdot p^2 - q^2} \cdot dq \qquad (3\text{-}18)$$

将式(3-15)、式(3-16)、式(3-18)代入一致性条件，则得到塑性应变增量的一般表达式

$$d\varepsilon_{ij}^p = \frac{\lambda - \kappa}{1 + e_0} \cdot \left[\frac{M^2 \cdot p^2 - q^2}{M^2 \cdot p^2 + q^2} \cdot \frac{\delta_{ij}}{3p} + \frac{3(\sigma_{ij} - p \cdot \delta_{ij})}{M^2 \cdot p^2 + q^2} \right]\left(dp + \frac{2p \cdot q}{M^2 \cdot p^2 - q^2} \cdot dq \right) \qquad (3\text{-}19)$$

由此得到塑性体积应变和塑性偏应变的表达式分别为

$$\begin{bmatrix} d\varepsilon_v^p \\ d\varepsilon_s^p \end{bmatrix} = \frac{\lambda - \kappa}{(1 + e_0) \cdot p \cdot (M^2 + \eta^2)} \begin{bmatrix} M^2 - \eta^2 & 2\eta \\ 2\eta & \dfrac{4\eta^2}{M^2 - \eta^2} \end{bmatrix} \begin{bmatrix} dp \\ dq \end{bmatrix} \qquad (3\text{-}20)$$

式中，$\eta = \dfrac{q}{p + \sigma^c}$，为 K_0 固结过程中的应力比。

联合式(3-12)、式(3-13)以及式(3-20)，并根据式(3-7)、式(3-9)假设，就可得到静止土压力系数表达式

$$
\frac{3}{2} = \cfrac{\cfrac{\kappa}{(1+e_0)\cdot p} + \cfrac{\lambda-\kappa}{(1+e_0)\cdot p\cdot\left(M^2+\eta^2\right)}\left(M^2-\eta^2+2\eta\cdot\cfrac{q}{p+\sigma^{\mathrm c}}\right)}{\cfrac{2(1+\mu)\cdot\kappa}{9(1+e_0)\cdot(1-2\mu)\cdot p}\cdot\cfrac{q}{p+\sigma^{\mathrm c}} + \cfrac{\lambda-\kappa}{(1+e_0)\cdot p\cdot\left(M^2+\eta^2\right)}\left(2\eta+\cfrac{4\eta^2}{M^2-\eta^2}\cdot\cfrac{q}{p+\sigma^{\mathrm c}}\right)} \tag{3-21}
$$

化简式(3-21)，得

$$
\frac{\eta\cdot(1+\mu)\cdot(1-\varLambda)}{3(1-2\mu)} + \frac{3\varLambda}{M^2+\eta^2}\cdot\left(\frac{2\eta^3}{M^2-\eta^2}+\eta\right) = 1 \tag{3-22}
$$

式中，$\varLambda = 1-\dfrac{\kappa}{\lambda}$，为试样的塑性变形比。

令 $\xi_{\mathrm c} = \dfrac{1}{1+\dfrac{\sigma^{\mathrm c}}{p}}$，则

$$
\eta = \frac{q}{p+\sigma^{\mathrm c}} = \xi_{\mathrm c}\cdot\frac{q}{p} \tag{3-23}
$$

当 $\xi_{\mathrm c} = 1$ 时，式(3-22)退化为

$$
\frac{\eta_{K_0}\cdot(1+\mu)\cdot(1-\varLambda)}{3(1-2\mu)} + \frac{3\varLambda}{M^2+\eta_{K_0}^2}\cdot\left(\frac{2\eta_{K_0}{}^3}{M^2-\eta_{K_0}^2}+\eta_{K_0}\right) = 1 \tag{3-24}
$$

式中，$\eta_{K_0} = \dfrac{q}{p} = \dfrac{3(1-K_0)}{1+2K_0}$。

式(3-24)与 Federico 等(2009)所获得的静止土压力系数本质相同。当 $\varLambda = 0$ 时，试样表现出理想弹性体性质，则式(3-22)和式(3-24)退化为

$$
K_0 = \frac{\mu}{1-\mu} \tag{3-25}
$$

当 $\varLambda = 1$ 时，试样表现出理想塑性体性质，则式(3-22)和式(3-24)分别退化为

$$
K_0 = \frac{6\xi_{\mathrm c}+3-\sqrt{9+4M^2}}{2\left(\sqrt{9+4M^2}-3\right)+6\xi_{\mathrm c}} \tag{3-26}
$$

$$
K_0 = \frac{9-\sqrt{9+4M^2}}{2\sqrt{9+4M^2}} \tag{3-27}
$$

当塑性变形比 $\varLambda = 0.2$，泊松比 $\mu = 0.25$，临界应力比 M 分别取 0.4、0.6、0.8 时，不同 $\xi_{\mathrm c}$ 取值对应的静止土压力系数变化规律如图 3-7 所示。当塑性变形比 $\varLambda$ 分别取 0.2、0.4、0.6($\mu = 0.25$，$M = 0.8$)时，不同 $\xi_{\mathrm c}$ 取值对应的静止土压力系数变化规律如图 3-8 所示。

从图 3-7 和图 3-8 中，并结合以上分析可知：①假设临界状态线为直线(M 为定值)，不同临界应力比正常固结饱和黏土静止土压力系数随 $\xi_{\mathrm c}$ 增加而增大，即 p-q 平面上黏结应力占平均有效应力的比例越大，静止土压力系数越小；但当黏结应力与平均有效应力

比例相同条件下，静止土压力系数随临界应力比降低而增加。②当 μ=0.25，M=1.0 时，塑性变形比 Λ 逐渐增大时(饱和黏土塑性变形比例增大)，正常固结饱和黏性土的静止土压力系数(K_0)逐渐增加，且 Λ 越大，ξ_c - K_0 曲线的"非线性"越不显著。

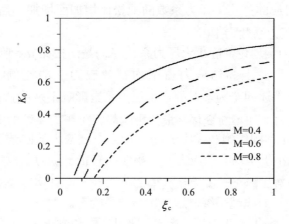

图 3-7　静止土压力系数与 ξ_c 关系曲线(Λ=0.2，μ=0.25)

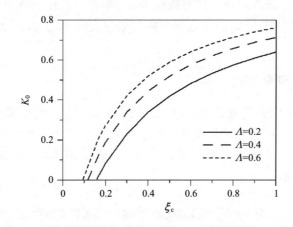

图 3-8　静止土压力系数与 ξ_c 关系曲线(μ=0.25，M=0.8)

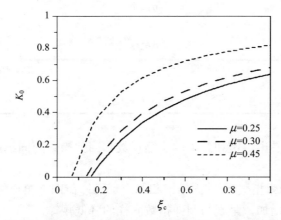

图 3-9　静止土压力系数与 ξ_c 关系曲线(Λ=0.2，M=0.8)

图 3-9 为塑性变形比 $\Lambda=0.2$，临界应力比 $M=0.8$，泊松比 μ 分别为 0.25、0.35、0.45 时，正常固结饱和黏土的静止土压力系数与 ξ_c 之间关系曲线。可见，弹性参数泊松比 μ 变化对静止土压力系数有很大影响。即随泊松比增加，ξ_c - K_0 曲线"非线性"演变规律越加显著。相同 ξ_c 对应的静止土压力系数随泊松比增加而增加。当 $\mu=0.5$ 时，基于式 (3-25)获得的静止土压力系数为 1.0。

(1) 根据临界土力学理论，静止土压力系数(K_0)是泊松比 μ、临界应力比 M 和塑性变形比 Λ 以及 p - q 平面上黏结应力占平均有效应力 p 的比例 ξ_c 四参数函数，即 $K_0=f(\mu,M,\Lambda,\xi_c)$。上述四个因素对静止土压力系数影响不是单独存在的，而具有耦合作用，并伴随固结压力增加不断变化，最终影响静止土压力系数的数值和演变规律。

(2) 即便考虑到正常固结饱和黏土 p - q 平面上黏结应力随固结压力增加逐渐增加的因素，但其增加程度小于平均有效应力 p，相应的静止土压力系数将逐渐增加，且任何一个参数的变化都会造成静止土压力系数偏离"常数"。且塑性变形比越大，静止土压力系数与 ξ_c 之间的关系曲线越平缓，这与试验结果吻合。

特别需要指出的是：①静止土压力系数试验中，饱和黏土 p - q 线偏离临界状态线(如图 3-6 中的实线所示，虚线为临界状态线)，即 K_0 固结过程中 p - q 斜率 $\eta \leqslant M$；②p - q 面上的黏结应力是饱和黏土 K_0 固结过程中内部黏聚力的平均效应，不能反映黏结效应的各向异性。

3.3.2 影响参数试验研究

从 3.3.1 节中临界土力学理论研究静止土压力系数可知，饱和黏土压缩指数、回弹指数、临界应力比、黏结应力和泊松比变化都会导致静止土压力系数的"非线性"变化特征。为验证以上结论，本节进行不同固结压力正常固结饱和黏土压缩指数与回弹指数试验，结果如表 3-3 所示。

表 3-3 不同固结压力饱和黏土压缩回弹指数

固结压力(MPa)	回弹指数	压缩指数
0.1	0.0420	
0.4		0.1347
3.2	0.0248	0.1070
8.0		0.0862
10.0		0.0587
12.0		0.0444

从表 3-3 中可以看出，饱和黏土的压缩指数和回弹指数随固结压力的变化而变化，并非为常值。

表 3-4 为瞬间回弹指数(正常固结饱和黏土瞬间卸荷回弹再压缩曲线计算得到)试验结果，伴随固结压力增加，呈现与回弹指数同样的降低规律。

表 3-4　不同固结压力饱和黏土瞬间回弹指数

固结压力(MPa)	回弹指数	瞬间回弹指数
0.1	0.0420	
3.2	0.0248	
8.0		0.0567
10.0		0.0420
12.0		0.0369

通过表 3-3 还可以推测，回弹指数与压缩指数的变化，导致塑性变形比是变化的，即使临界应力比、黏结应力、泊松比均为常数。通过图 3-8 可知，此时的静止土压力系数也会呈现出非常数的变化规律。

3.4　小　　结

(1)高压固结导致的致密结构使得径向变形摄动对静止土压力系数试验结果存在显著影响，当最终径向摄动变形为正时，所得静止土压力系数偏大，相反所得静止土压力系数偏小。

(2)正常固结饱和黏土的静止土压力系数随固结压力增加而变化，不再为"常数"，其与固结压力之间满足指数函数关系。

(3)基于全量和增量方法计算所得静止土压力系数数值存在显著差异，后者约是前者的 1.10～1.22 倍。

(4)静止土压力系数与饱和黏土的孔隙比(或饱和含水量)之间存在唯一对应关系，在水平压力量测不准的前提下，可通过式(3-3)或式(3-6)确定正常固结饱和黏土的静止土压力系数。

(5)基于临界土力学理论，并考虑黏结应力的静止土压力系数计算式(3-22) $K_0 = f(\mu, M, \Lambda, \xi_c)$ ，可综合反映临界状态线斜率 M 、塑性变形比 Λ 、黏结应力占平均有效应力 p 比例 $\xi_c = 1/(1 + \sigma^c/p)$ 、 μ 的变化均可造成静止土压力系数的"非线性"变化。

(6)正常固结饱和黏土的压缩指数、回弹指数随固结压力增加均有降低趋势，即便考虑临界应力比、黏结应力以及泊松比均为常数的前提下，根据式(3-22)也能获得非常数的静止土压力系数。

第 4 章　深部冻土三轴剪切实验

冻结凿井井筒开挖过程中深部冻土受力过程可简化为保持轴压-卸除围压过程，即 K_0DCGF 减载试验。为和 K_0DCGF 减载试验形成对比，K_0DCGF 加载试验在保持围压条件下施加轴压试验。K_0DCGF 加载、减载试验中应力速率为主应力差 $\Delta(\sigma_1-\sigma_3)$ 与轴向应变增量 $\Delta\varepsilon_a$ 之间比值，体积变形速率为体积应变增量 $\Delta\varepsilon_v$ 与轴向应变增量 $\Delta\varepsilon_a$ 比值。K_0DCGF 加载、减载试验中冻土平均温度均为–20℃，各图中 0.00、0.25、0.50 代表不同温度梯度，单位为℃/cm。

4.1　加载试验冻土变形分析

4.1.1　应力-应变

图 4-1(a)、(c)、(e)给出基于 K_0DCGF 加载试验中冻土加载应力-应变曲线，图 4-1(b)、(d)、(f)给出峰值应力之前冻土应力速率衰减规律。

从图 4-1(a)、(c)、(e)中可以看出，K_0DCGF 加载试验中冻土应力-应变曲线形态相同，均为应变软化型。从图 4-1(b)、(d)、(f)应力速率曲线中可以看出，在轴向应变≤0.001 时，冻土应力几乎接近线性衰减，且这一数值不受固结应力和温度梯度影响。将应变 0.001 作为 K_0DCGF 加载试验中冻土弹性变形，得到冻土弹性模量如表 4-1 所示。

图 4-2(a)、(c)、(e)为 GFC 加载试验中冻土加应力-应变曲线，图 4-2(b)、(d)、(f)为 GFC 加载试验中冻土应力速率曲线。从图 4-2(a)、(c)、(e)可以看出，GFC 加载试验中冻土应力-应变曲线具有黏塑性特征。从图 4-2(b)、(d)、(f)应力增加速率曲线中可知，GFC 试验中冻土应力速率都有一个短暂增加过程，这个过程是冻土的弹性应变恢复过程。此阶段之后，应力速率在轴向应变不超过 0.01 时近似线性衰减，且这一数值基本不受围压和温度梯度影响。将应变 0.01 作为 GFC 加载试验中的弹性应变，得到 GFC 加载试验中冻土弹性模量，列于表 4-1 中。

从表 4-1 中可以看出，K_0DCGF 加载试验中冻土弹性模量明显大于 GFC 加载试验。但 K_0DCGF 加载试验和 GFC 加载试验中冻土弹性模量随温度梯度增加而降低，温度梯度对不同围压冻土弹性模量具有"弱化效应"。K_0DCGF 试验中不同温度梯度冻土弹性模量随固结压力增加显著增加，GFC 试验中不同温度梯度冻土弹性模量基本不受围压影响。

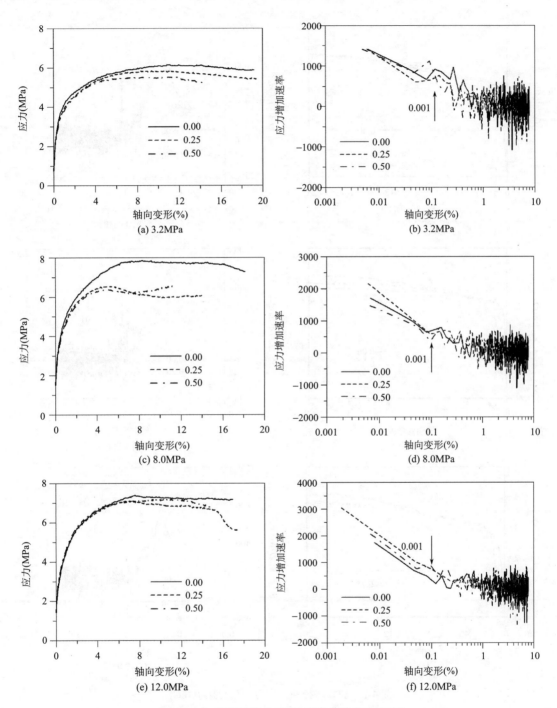

图 4-1　加载路径冻土应力-应变曲线(K_0DCGF)

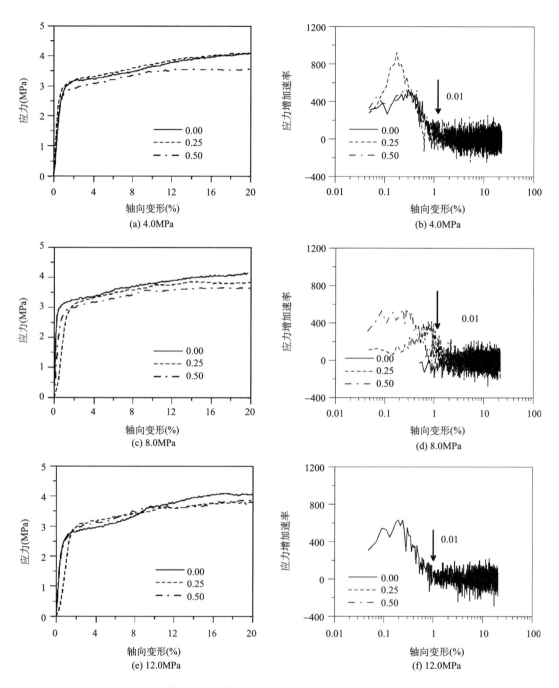

图 4-2　加载路径冻土应力-应变曲线(GFC)

表 4-1 冻土弹性模量

试验方法	温度梯度(℃/cm)	固结压力(MPa)	弹性模量(MPa)	试验方法	温度梯度(℃/cm)	固结压力(MPa)	弹性模量(MPa)
K₀DCGF	0.00	3.2	875.8	GFC	0.00	4.0	281.9
		8.0	927.3			8.0	248.8
		12.0	970.2			12.0	253.1
	0.25	3.2	835.0		0.25	4.0	267.6
		8.0	856.7			8.0	227.5
		12.0	860.1			12.0	244.8
	0.50	3.2	804.9		0.50	4.0	264.3
		8.0	848.9			8.0	259.3
		12.0	843.0			12.0	248.1

表 4-2 为 K₀DCGF 试验中冻土应力达到峰值时的位移和峰值应力。可以看出，冻土峰值应力对应的位移随温度梯度增加而降低，随固结压力增加而降低，即温度梯度和固结压力增加都使得冻土脆性增强。

而 GFC 试验中，冻土随温度梯度增加和围压增加由"黏塑性"向"脆性"特征转变不及 K₀DCGF 试验明显，如图 4-2(a)、(c)、(e)所示。

表 4-2 冻土峰值应力与峰值位移(K₀DCGF)

温度梯度(℃/cm)	3.2MPa		8.0MPa		12.0MPa	
	峰值应变(%)	峰值应力(MPa)	峰值应变(%)	峰值应力(MPa)	峰值应变(%)	峰值应力(MPa)
0.00	11.60	6.110	8.446	7.810	7.744	7.753
0.25	8.660	5.798	5.366	6.523	7.280	7.051
0.50	7.140	5.470	5.194	6.357	6.610	7.043

4.1.2 体积变形

图 4-3(a)、(c)、(e)为 K₀DCGF 加载试验中冻土体积变形速率曲线。图 4-3(b)、(d)、(f)为 K₀DCGF 加载试验中冻土在轴向应变不超过 0.002 时的体积变形速率曲线。

从图 4-3(a)、(c)、(e)中可以看出，K₀DCGF 加载试验中冻土体积变形速率曲线均呈现出先增加后持续降低规律。且固结压力越低，体积变形速率曲线中上升段越显著。

从图 4-3(b)、(d)、(f)中可以看出，固结压力为 8.0MPa、12.0MPa 冻土体积变形速率上升段上限应变为 0.001，刚好为冻土的弹性变形。但随固结应力降低，这一应变有增大趋势。

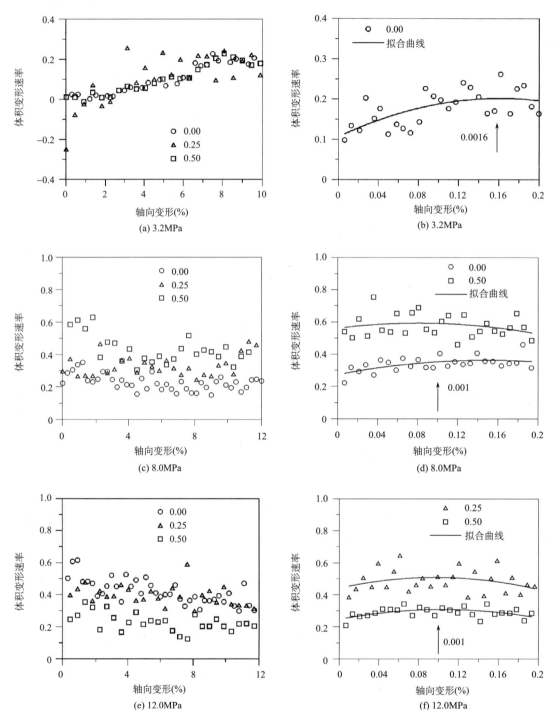

图 4-3　冻土体积变形速率曲线(K₀DCGF)

　　将峰值应力对应的体积变形绘制于图 4-4 中(压缩为正,膨胀为负)。相同固结压力下, K_0DCGF 加载试验中冻土达到峰值应力对应的体积变形量随温度梯度增加而降低,相同温度梯度冻土体积变形量则随固结压力增加而增加。也就是说,固结压力提高则可以有效地抑制冻土体积膨胀,如图 4-4(b)所示。但是温度梯度可以诱导冻土体积膨胀,表 4-3 中固结压力为 3.2MPa 试验后不同温度梯度冻土体积实测结果也证明了这一点。

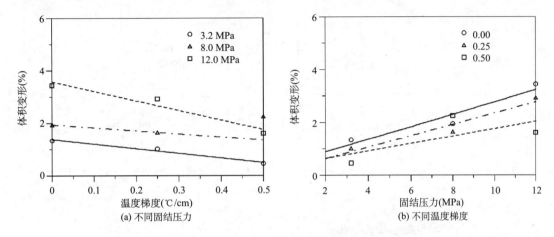

图 4-4　峰值应力对应的冻土体积变形(K_0DCGF)

表 4-3　3.2MPa 条件下 K_0DCGF 加载试验后体积变化

温度梯度(℃/cm)	试验前体积(cm³)	试验后体积(cm³)	变形量(%)
0.00	1570.796	1560.000	0.687
0.25	1570.796	1575.000	−0.268
0.50	1570.796	1580.000	−0.586

　　图 4-5(a)、(c)、(e)为 GFC 加载试验中冻土体积变形速率曲线。可以看出,体积变形速率均呈现出逐渐降低规律。将轴向变形≤0.01 段放大,如图 4-5(b)、(d)、(f)所示。可知,GFC 加载试验中冻土体积变形速率上升段的应变界限约为 0.004～0.006,且这一数值基本不受围压和温度梯度影响。GFC 加载试验中冻土体积变形速率曲线的上升段、峰值点和降低段与冻土应力-应变曲线中的弹性变形段、屈服处和应变强化阶段对应。

　　将 GFC 加载试验中冻土轴向应变为 0.2 时,对应的体积变形与围压关系绘于图 4-6(a),图 4-6(b)还给出了 FC 试验中均匀温度冻土体积变形与围压的关系曲线。

　　从图 4-6(a)中可以看出,GFC 试验中不同温度梯度冻土体积变形随围压增加而显著降低,而相同围压下冻土体积变形随温度梯度增加而降低,这与 FC 试验中冻土体积变形随围压、温度变化而变化的模式相同。换言之,温度梯度和围压的增加都会诱导冻土体积膨胀。这一结论与 K_0DCGF 试验中不同,主要原因为 K_0DCGF 试验中峰值应力前后冻土变形发挥机制不同。

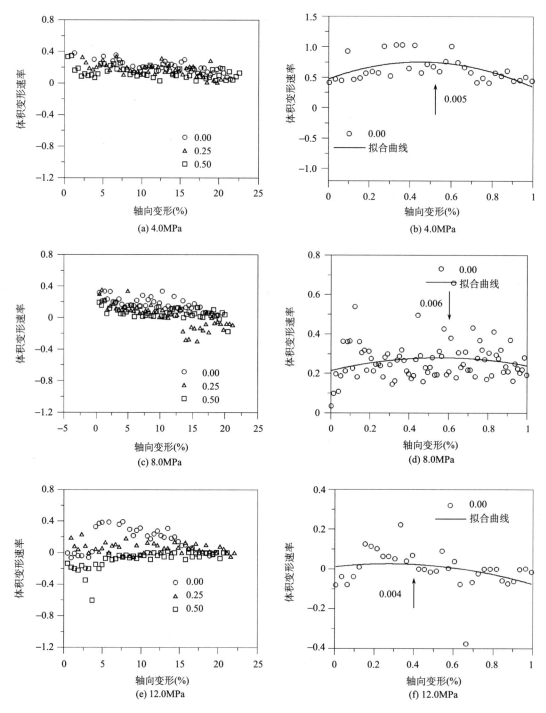

图 4-5　GFC 加载试验中冻土体积变形速率

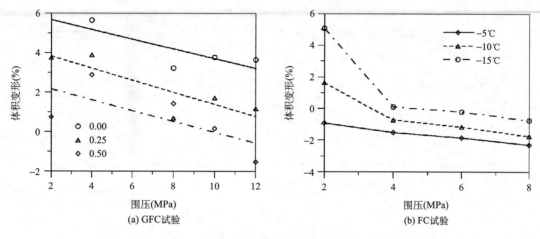

图 4-6　冻土体积变形随围压变化曲线

4.2　减载试验冻土变形分析

4.2.1　应力-应变

图 4-7(a)、(b)、(c)为 K_0DCGF 减载试验中冻土应力-应变曲线(减载速率为 0.01MPa/min)，而图 4-7(d)为 K_0DCGF 减载试验中不同减载速率和温度梯度条件下的应力-应变曲线。图 4-8 为相应的应力速率曲线。

从图 4-7 和图 4-8 中可知，固结压力为 3.2MPa 的冻土在 K_0DCGF 减载试验中，应力-应变曲线几乎重合，即使围压降为零，冻土也不会发生破坏。而固结压力为 12MPa 冻土减载应力-应变曲线具有刚塑性特征，冻土发生脆性破坏。

根据增量广义胡克定律，有

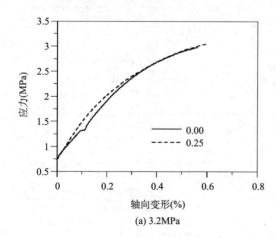

(a) 3.2MPa

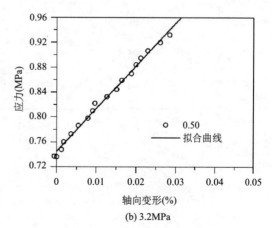

(b) 3.2MPa

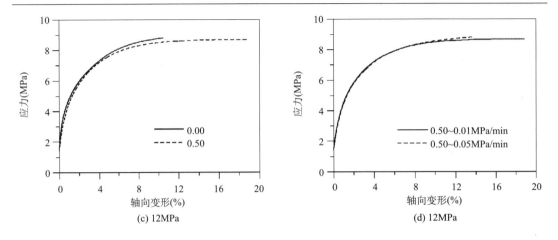

图 4-7　K_0DCGF 减载试验中冻土应力-应变曲线

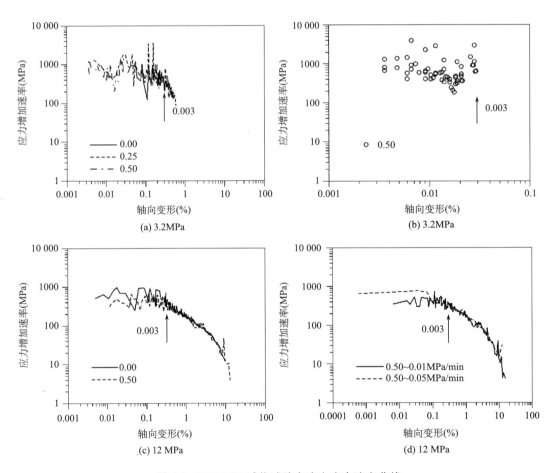

图 4-8　K_0DCGF 减载试验中冻土应力速率曲线

$$\Delta \varepsilon_{\mathrm{a}} = \frac{1}{E} \cdot \left[\Delta \sigma_1 - \mu \cdot \left(\Delta \sigma_3 + \Delta \sigma_3 \right) \right] \tag{4-1}$$

$$\Delta \varepsilon_{\mathrm{r}} = \frac{1}{E} \cdot \left[\Delta \sigma_3 - \mu \cdot \left(\Delta \sigma_1 + \Delta \sigma_3 \right) \right] \tag{4-2}$$

式中，$\Delta \sigma_1$ 为轴向应力增量；$\Delta \sigma_3$ 为侧向应力增量；$\Delta \varepsilon_{\mathrm{a}}$ 为轴向应变增量；$\Delta \varepsilon_{\mathrm{r}}$ 为径向应变增量；E 为弹性模量；μ 为泊松比。

当侧向应力增量 $\Delta \sigma_3 = 0$，轴向应力增量 $\Delta \sigma_1 \neq 0$ 时，应力-应变关系可写为

$$E = \frac{\Delta \sigma_1}{\Delta \varepsilon_{\mathrm{a}}} = \frac{\partial \left(\Delta \sigma_1 \right)}{\partial \left(\varepsilon_{\mathrm{a}} \right)} = \frac{\partial \left(\sigma_1 - \sigma_3 \right)}{\partial \varepsilon_{\mathrm{a}}} \tag{4-3}$$

$$\mu = \frac{-\Delta \sigma_1 \cdot \Delta \varepsilon_{\mathrm{r}}}{\Delta \varepsilon_{\mathrm{a}} \cdot \Delta \sigma_1} = \frac{\partial \left(-\varepsilon_{\mathrm{r}} \right)}{\partial \varepsilon_{\mathrm{a}}} \tag{4-4}$$

因此，$K_0 \mathrm{DCGF}$ 加载试验中应力-应变关系可写为

$$E = \frac{\Delta \sigma_1 \cdot \left(\Delta \sigma_1 + \Delta \sigma_3 \right) - 2 \Delta \sigma_3^2}{\Delta \varepsilon_{\mathrm{a}} \cdot \left(\Delta \sigma_1 + \Delta \sigma_3 \right) - 2 \Delta \varepsilon_{\mathrm{r}} \cdot \Delta \sigma_3} = \frac{\partial \left(-2 \Delta \sigma_3 \right)}{\partial \left(\varepsilon_{\mathrm{a}} - 2 \varepsilon_{\mathrm{r}} \right)} = \frac{\partial \left[2 \left(\sigma_1 - \sigma_3 \right) \right]}{\partial \left(\varepsilon_{\mathrm{a}} - 2 \varepsilon_{\mathrm{r}} \right)} \tag{4-5}$$

$$\mu = \frac{\Delta \sigma_3 \cdot \Delta \varepsilon_{\mathrm{a}}}{\Delta \varepsilon_{\mathrm{a}} \cdot \Delta \sigma_3 - 2 \Delta \varepsilon_{\mathrm{r}} \cdot \Delta \sigma_3} = \frac{\Delta \varepsilon_{\mathrm{a}}}{\Delta \varepsilon_{\mathrm{a}} - 2 \Delta \varepsilon_{\mathrm{r}}} = \frac{\partial \varepsilon_{\mathrm{a}}}{\partial \left(\varepsilon_{\mathrm{a}} - 2 \varepsilon_{\mathrm{r}} \right)} \tag{4-6}$$

从式(4-6)中可以看出，$K_0 \mathrm{DCGF}$ 减载试验中，冻土增量弹性模量为 $2 \left(\sigma_1 - \sigma_3 \right)$ 与 $\left(\varepsilon_{\mathrm{a}} - 2 \varepsilon_{\mathrm{r}} \right)$ 比值，而泊松比为 ε_{a} 与 $\left(\varepsilon_{\mathrm{a}} - 2 \varepsilon_{\mathrm{r}} \right)$ 比值。

从图 4-8(c)、(d)固结压力为 12MPa 冻土 $K_0 \mathrm{DCGF}$ 减载试验应力衰减曲线中可看出，在轴向应变不超过 0.003 时，冻土的应力衰减速率几乎保持恒定；当轴向应变大于 0.003 时，冻土的应力才剧烈衰减，且上述数值与温度梯度和减载速率无关。将这一段的变形视作冻土的弹性变形，很明显减载路径中冻土的弹性变形要大于加载路径。$K_0 \mathrm{DCGF}$ 减载试验中冻土弹性模量结果列于表 4-4 中。

表 4-4　$K_0 \mathrm{DCGF}$ 减载试验冻土弹性模量

固结压力(MPa)	温度梯度(℃/cm)	减载速率(MPa/min)	弹性模量(MPa)
	0.00	0.01	689.97
3.2	0.25	0.01	606.11
	0.50	0.01	588.62
	0.00	0.01	980.18
12	0.25	0.01	388.21
	0.50	0.05	417.99

对比表 4-1，并结合表 4-4，可以看出，除固结压力 12MPa $K_0 \mathrm{DCGF}$ 减载试验中均匀温度冻土减载弹性模量稍大于 $K_0 \mathrm{DCGF}$ 加载试验外，其他固结压力、温度梯度冻土减载弹性模量要远小于加载试验。$K_0 \mathrm{DCGF}$ 减载试验中，相同固结压力条件下，随温度梯度增加，冻土减载弹性模量急剧降低；温度梯度对冻土的弹性模量弱化程度要大于

K_0DCGF 加载试验。但是弹性模量随减载速率增加略有增加。

4.2.2 体积变形

图 4-9(a)为固结压力 12MPa，减载速率为 0.01MPa/min，K_0DCGF 减载试验中冻土体积变形速率曲线。图 4-9(b)中为温度梯度 0.50℃/cm 冻土在不同减载速率下的体积速率曲线。

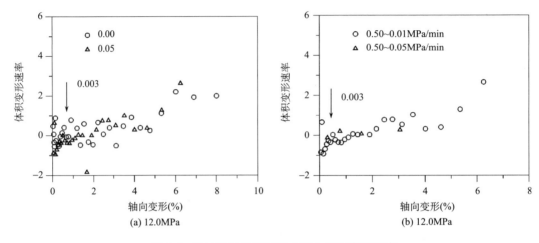

图 4-9 K_0DCGF 减载试验中冻土体积变形速率

从图 4-9 中可以看出，K_0DCGF 减载试验中冻土体积变形速率与轴向变形之间的关系呈现增加—降低—再增加的变化规律，且降低过程没有 K_0DCGF 加载试验明显。此外，体积变形速率曲线第一个峰值点对应的轴向应变约为 0.3%，刚好与 K_0DCGF 减载试验中应力-应变曲线上的弹性变形上限对应。第 2 个峰值(约为 7%)则与图 4-8 中应力速率由"非线性"衰减向"线性"衰减过程分界点对应。

从图 4-9(b)中还可以看出，减载速率对 K_0DCGF 减载试验中冻土体积变形速率影响不大。

表 4-5 K_0DCGF 减载试验中冻土体积变形

温度梯度(℃/cm)	试验前体积(cm³)	固结后体积(cm³)	试验后体积(cm³)	体积改变(%)	轴向变形总量(%)
0.00	1570.796	1522.990	1550~1560	−1.773~−2.430	0.563
0.25	1570.796	1525.262	1560	−2.278	0.606
0.50	1570.796	1531.301	1500~1520	0.738~2.044	0.029

表 4-5 为固结压力 3.2MPa 冻土 K_0DCGF 减载试验后的体积变形。与 K_0DCGF 减载试验相同，试验后冻土体积出现了膨胀变形，且膨胀变形伴随温度梯度增加而加强，即 K_0DCGF 减载试验中温度梯度的增加也会诱导冻土体积膨胀。

4.3　K₀DCGF 试验冻土强度

4.3.1　强度特征

图 4-10(a)给出了 K₀DCGF 加载试验中冻土抗压强度随固结压力增加而变化的试验曲线，图 4-10(c)为 K₀DCGF 加载试验中冻土抗压强度随温度梯度增加而变化的曲线，图 4-10(b)给出 GFC 加载试验中冻土抗压强度曲线，同时图 4-10(d)给出 GFC 加载试验中冻土抗压强度随温度梯度增加而变化的曲线。

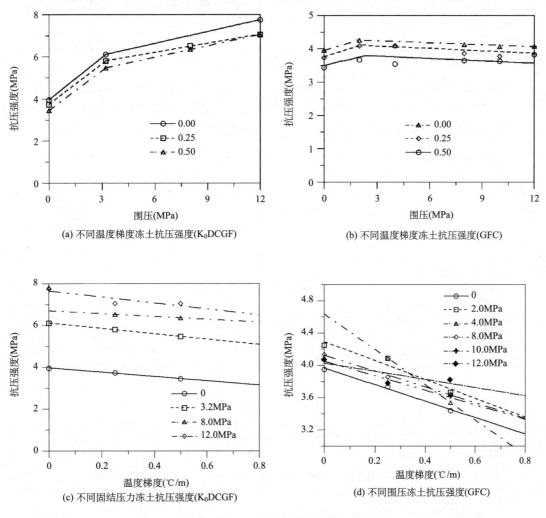

图 4-10　冻土抗压强度

K₀DCGF 加载试验中冻土抗压强度随固结压力增加而变化的模式与 GFC 加载试验存在显著差异，主要表现在：

(1)随固结压力增加，K₀DCGF 加载试验中冻土强度表现为缓慢增加过程，且固结压力越大强度包络线越平缓，围压对冻土强度具有"强化效应"；而 GFC 加载试验，冻土抗压强度曲线随围压增加呈现出先增加后缓慢降低规律，围压对冻土强度具有"弱化效应"。通过对 GFC 加载试验中冻土强度简单修正后描述 K_0DCGF 加载试验中冻土强度的做法从机制上讲是行不通的。

(2)K_0DCGF 加载试验和 GFC 加载试验中，相同固结压力下冻土抗压强度随温度梯度增加而降低，温度梯度对冻土强度具有明显的"弱化效应"。但 K_0DCGF 加载试验中不同冻土强度受温度梯度弱化程度小于 GFC 加载试验，如图 4-10(c)和图 4-10(d)所示。

(3)K_0DCGF 加载试验中所得冻土强度明显高于基于 GFC 加载试验，相同固结压力下前者约是后者的 2 倍，且相同温度梯度下冻土随固结应力增加而增加的程度也明显大于 GFC 试验(图 4-10(d))。

4.3.2　强度发挥机制

图 4-11(a)是 Ottawa 冻结砂土的强度发挥机制示意(Goughnour and Andersland，1968)。试验温度为–7.67℃，加载速率为 $4.4×10^{-6}$。图 4-12(b)是本书 K_0DCGF 加载试验中均匀温度冻土强度发挥机制。试验温度为–20℃，加载应变速率为 $1.67×10^{-5}$。

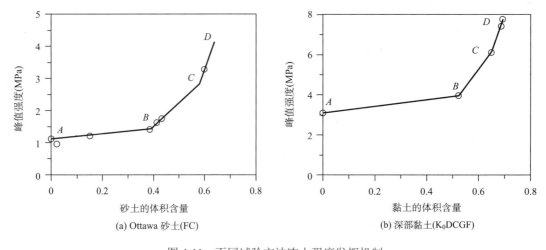

(a) Ottawa 砂土(FC)　　　　　(b) 深部黏土(K_0DCGF)

图 4-11　不同试验方法冻土强度发挥机制

K_0DCGF 试验中冻土强度与体积土颗粒含量关系规律与 Ottawa 冻结砂土相似，都由三段直线组成。由此推测，K_0DCGF 试验中冻黏土强度由冰的强度、土的强度和土骨架与冰之间共同强化作用制约(Goughnour and Andersland，1968；Chamberlain et al.，1972；Ting，1983)。

(1) AB 阶段：冻土中土颗粒体积小于 0.52，此时 K_0DCGF 试验方法中冻土强度主要由冰来提供。冻土中强化以冰的强化为主，这正是 GFC 试验方式中冻土强度的主要来源。

(2) BC 阶段：冻土中土颗粒体积介于 0.52~0.65，冰的含量降低，土骨架强化逐渐增加，但冰仍然是冻土中强度的主要来源，且强度伴随土颗粒体积含量增加迅速增加。此时冻土总强度主要由冰强度、土骨架强度以及冰与土颗粒之间胶结强度组成。

(3) *CD* 阶段：以土颗粒的强化为主，冻土中土颗粒体积处于 0.65～0.69 范围内，冰的强化降低，土骨架的强化逐渐增加，冻土强度受土骨架强化为主。冻土总强度主要由土骨架强度、冰与土颗粒之间胶结强度以及剪胀效应组成。随冻土中含水量不断降低，冻结后冰晶与冰晶之间的接触概率急剧降低，土颗粒接触程度增大，从而使得作用在冰晶上的应力减小。

(4) *D* 点为饱和黏土中冻结所需含水量下限(主要为强结合水，结冰温度–78℃)，在试验温度–25～–15℃范围内，冻土强度与未冻土强度接近相等。当冻土中体积土颗粒含量超过 *D* 点数值后，试验温度范围内，冻土中将不存在冰相，强度主要由土颗粒和未冻水提供。

K_0DCGF 加载试验中冻土强度高于 GFC 加载试验，一方面由于固结压力增加导致的冻土内部土颗粒密实程度(或干密度)增加所致，如图 4-12 所示。这种微观结构差异主要表现在：①K_0DCGF 试验中冻土由于经历排水固结过程，内部孔隙比小于 GFC 试验，相应的冻土内部孔隙多晶冰颗粒尺寸必然要小于 GFC 试验方法；②K_0DCGF 试验中，随固结压力增加，固结完成后的试样内部初始微裂隙和微孔洞在尺寸和数量上远远小于 GFC 试验方法。

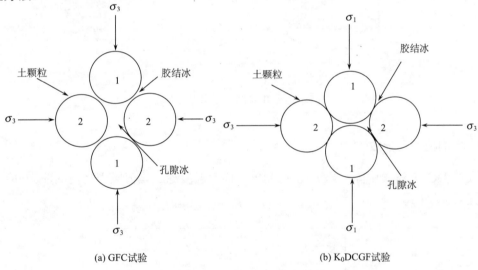

(a) GFC试验　　　　　　　　　　　　(b) K_0DCGF试验

图 4-12　不同试验方法中冻土内颗粒排列示意

另外一方面，K_0DCGF 试验中与 GFC 试验中的固结、冻结顺序不同。K_0DCGF 试验中，固结压力(围压)在固结过程中便施加在饱和黏土上，当冻结温度场形成并稳定后，固结压力不再影响冻土内部孔隙冰与未冻水之间的动态平衡，即剪切过程中固结压力不再对压融和冰点降低有贡献。

4.4　强度弱化机制

本节基于有限元方法分析 K_0DCGF 中温度梯度冻土强度弱化机制。基本步骤为：①根

据 K_0DCGF 试验中均匀温度冻土应力-应变曲线计算不同温度梯度冻土应力-应变曲线；②根据实测 K_0DCGF 试验温度梯度冻土应力-应变曲线验证数值计算结果的可靠性；③获得 K_0DCGF 试验中温度梯度冻土内部应力场和宏观变形场。

4.4.1 数值模型

取图 4-13(a)中阴影部分建模，选取 CAX8R 轴对称单元，共划分 100 个单元和 351 个节点。模型底部为位移约束边界条件，如图 4-13(b)所示。

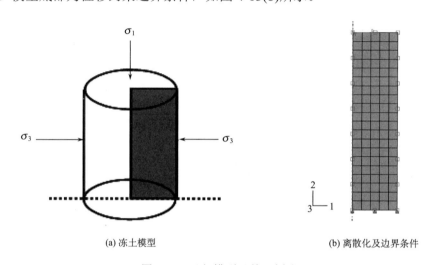

(a) 冻土模型   (b) 离散化及边界条件

图 4-13 几何模型及单元划分

4.4.2 本构模型及参数

取 K_0DCGF 试验中固结压力为 3.2MPa，均匀温度冻土峰值应力之前的应力-应变关系如图 4-14 所示。

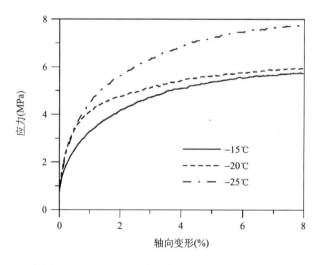

图 4-14 K_0DCGF 试验中均匀温度冻土应力-应变

根据图 4-14 得到冻土弹性模量、抗压强度以及泊松比参数如表 4-6 所示。

表 4-6　冻土弹性模量、强度与泊松比(K_0DCGF)

温度($℃$)	峰值强度(MPa)	弹性模量(MPa)	泊松比
−15	5.793	635.4	
−20	6.165	875.8	0.3875
−25	8.117	884.2	

4.4.3　计算结果验证

图 4-15 为 K_0DCGF 方法中深部冻土在峰值应力之前的应力-应变曲线。可以看出，计算应力-应变曲线与实测数据基本规律吻合。

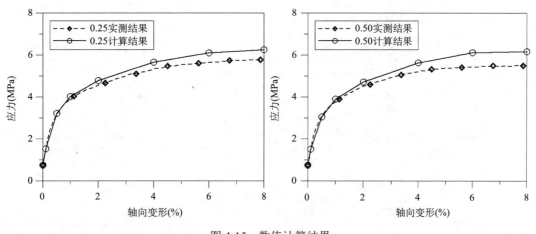

图 4-15　数值计算结果

4.4.4　计算结果与分析

图 4-16 为 K_0DCGF 试验中冻土在峰值应力之前对称轴位置的径向应力和环向应力分布(拉应力为负，压应力为正)。从图 4-16 中可以看出：

当轴向压缩变形超过 0.001 之后，深部冻土内部径向拉应力区域主要集中在两个范围内，即距离冷端 12cm 附近和冷端位置附近。两个位置附近拉应力在数值和范围上都呈扩大趋势，但是距离冷端 12cm 处的拉应力范围和量值在接近峰值应力附近超过冷端。

从图 4-16(b)、(d)K_0DCGF 试验中冻土环向拉应力分布看出，环向拉应力产生和演化的过程与径向拉应力相似，但是环向拉应力数值小于径向拉应力。

图 4-17(a)、(b)为 K_0DCGF 试验过程中不同轴向变形对应的冻土径向膨胀变形，图 4-17(c)和(d)为不同轴向变形对应的径向变形沿冻土高度增加而变化的速率(相邻冻土高度差内径向变形的增量)。

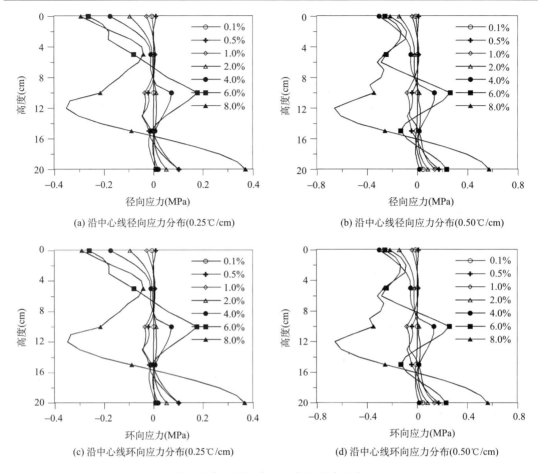

(a) 沿中心线径向应力分布(0.25℃/cm)　　　(b) 沿中心线径向应力分布(0.50℃/cm)

(c) 沿中心线环向应力分布(0.25℃/cm)　　　(d) 沿中心线环向应力分布(0.50℃/cm)

图 4-16　峰值应力之前径向和环向拉应力分布(K_0DCGF)

从图 4-17 中可以看出，冻土径向膨胀沿冻土试样高度增加而"非线性"增加，但速率最大值位置随轴向变形增加不断演变。冻土径向膨胀变形的"非均匀"分布是内部拉应力作用下变形局部集中的宏观体现。将图 4-16(a)、(c)中冻土内部最大拉应力数值演变过程与径向变形速率最大值演变过程，绘制在图 4-18 中。

从图 4-18 中可以看出，K_0DCGF 试验中冻土内部拉应力最大位置与随轴向变形增加变化滞后于径向变形速率最大值。当冻土达到峰值应力之后，拉应力最大值位于距离冻土冷端 12cm 处，而径向变形速率最大值位于距冻土冷端 16cm 处。

图 4-19 为 K_0DCGF 加载和减载试验中冻土实测最终径向膨胀变形和变形速率演化规律。需要指出的是，实测径向膨胀变形位置位于冻土应力-应变曲线出现峰值应力之后。但径向变形分布规律和峰值应力之前基本相同，径向变形速率最大值位于 10~12cm 处，小于数值结果，这可能与峰值应力之后，控制 K_0DCGF 试验中冻土变形机制改变有关。

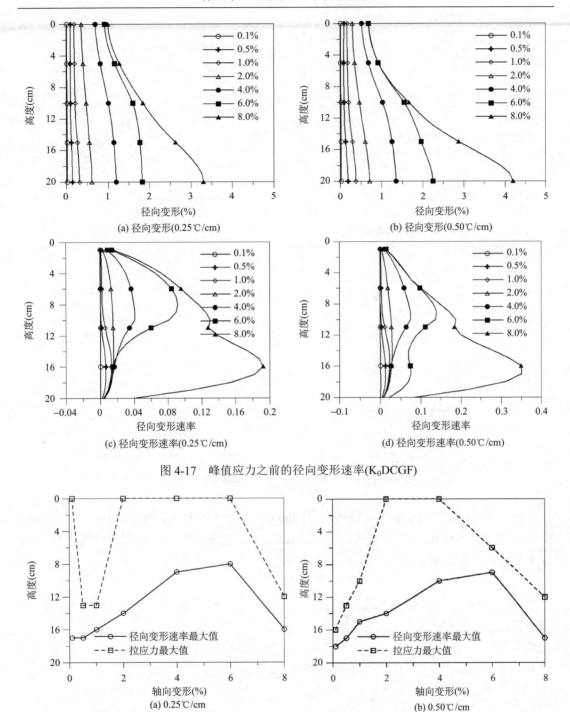

图 4-17　峰值应力之前的径向变形速率(K_0DCGF)

图 4-18　峰值应力之前的径向变形速率最大值和最大拉应力位置(K_0DCGF)

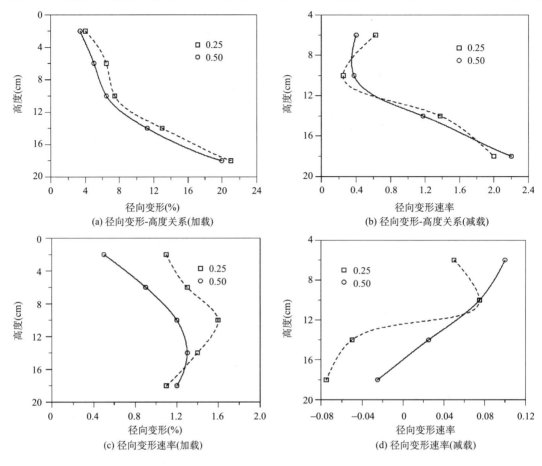

图 4-19　K_0DCGF 试验后实测径向膨胀变形(3.2MPa)

图 4-20 为 GFC 试验后的实测冻土径向膨胀变形分布规律。GFC 试验中，径向膨胀变形-冻土高度分布以及变形速率规律与 K_0DCGF 试验基本相同，且围压对冻土径向膨胀变形分布及规律基本无影响。

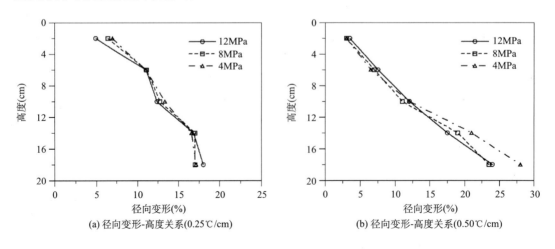

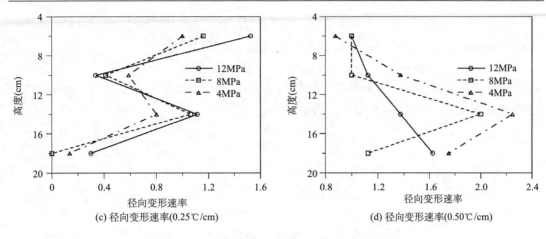

图 4-20 GFC 试验后实测冻土径向膨胀变形

K₀DCGF 试验和 GFC 试验中，温度梯度冻土诱导的冻土"非均质"产生和演化，导致冻土径向变形分布规律与均匀温度场存在显著差异。表 4-7 为两种试验中冻土径向膨胀变形(温度梯度为零)。可以看出，均匀温度冻土径向膨胀变形沿冻土高度基本呈均匀分布。但 GFC 试验中径向膨胀变形趋势较 K₀DCGF 试验显著。

表 4-7 冻土径向变形实测(温度梯度为零)

试验方法		K₀DCGF			GFC		
路径		加载	减载	加载	加载	加载	加载
围压或固结应力(MPa)		3.2	3.2	8	12	8	4
	2	11.6	1	6.5	11	12	11.5
距冷	6	11.4	1.4	6.9	13.5	15	14
端距离	10	11.8	1.5	10.6	17.5	16	14
(cm)	14	10.3	1.5	14.2	17	15	14
	18	12.2	1.2	14.6	13	11.2	12

4.5 小   结

(1) K₀DCGF 加载试验中冻土应力-应变呈应变软化型，应力-应变曲线上弹性变形约为 0.001；K₀DCGF 减载试验中冻土弹性变形约为 0.003。而 GFC 加载试验中冻土应力-应变曲线具有黏塑性特征，弹性变形约为 0.01。

(2) K₀DCGF 加载试验中，固结压力对冻土弹性模量具有强化效应，但是在 GFC 加载试验中围压对冻土弹性模量基本无影响。两类试验中温度梯度对冻土弹性模量均具有弱化效应。

(3) K₀DCGF 加载试验(峰值应力之前)以及 GFC 加载试验中体积变形速率上升段、峰值点、下降段与应力-应变曲线上的弹性变形段、屈服处和强化阶段对应；而 K₀DCGF

减载试验中,体积变形速率第一个峰值与冻土应力-应变曲线上的弹性变形段对应,第二个峰值与应力速率"非线性衰减"和"线性衰减"临界点对应。

(4) K_0DCGF 加载试验(峰值应力之前)和 GFC 加载试验中,温度梯度存在和提高均可诱导冻土体积膨胀;GFC 加载试验中围压可诱导冻土体积膨胀,而 K_0DCGF 加载试验中(峰值应力之前)固结应力可抑制冻土体积膨胀。

第 5 章　深部冻土能量规律

5.1　K$_0$DCGF 试验中冻土破坏特征

图 5-1～图 5-3 给出 K$_0$DCGF 加载试验后，冻土破坏照片。图 5-4 为 K$_0$DCGF 减载试验后冻土破坏照片。

(a) 0.00℃/cm　　　　　　　　　(b) 0.25℃/cm　　　　　　　　　(c) 0.50℃/cm

图 5-1　K$_0$DCGF 加载试验后冻土破坏照片(3.2MPa)

(a) 0.00℃/cm　　　　　　　　　(b) 0.25℃/cm　　　　　　　　　(c) 0.50℃/cm

图 5-2　K$_0$DCGF 加载试验后冻土破坏照片(8.0MPa)

(a) 0.00℃/cm　　　　　　　　　(b) 0.25℃/cm　　　　　　　　　(c) 0.50℃/cm

图 5-3　K$_0$DCGF 加载试验后冻土破坏照片(12MPa)

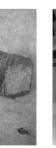

(a) 0.00℃/cm- 0.01MPa/min　　　　(b) 0.50℃/cm-0.01MPa/min　　　　(c) 0.50℃/cm-0.05MPa/min

图 5-4　K_0DCGF 减载试验后冻土破坏照片(12.0MPa)

由图 5-1～图 5-4，并结合 K_0DCGF 试验过程可知：

(1) K_0DCGF 加载试验中，均匀温度冻土宏观断裂特征不明显，而温度梯度冻土底部出现明显的宏观裂缝，且裂缝宏观尺寸随温度梯度和固结压力增加而显著增大。

(2) 在相同固结应力水平下，K_0DCGF 减载试验中，温度梯度冻土"断裂破坏"特征较 K_0DCGF 加载试验显著，如图 5-4(b)所示，且 K_0DCGF 减载试验中，冻土破坏具有"突然性"。

(3) K_0DCGF 减载试验中，均匀温度冻土断裂过程与温度梯度冻土断裂过程存在显著差异。均匀温度冻土在 K_0DCGF 减载试验中，沿与水平接近 45°的斜面发生剪切断裂，且"脆性破坏"特征明显强于 K_0DCGF 加载试验。

温度梯度冻土在 K_0DCGF 加载试验和 K_0DCGF 减载试验中断裂过程可用图 5-5 描述。结合第 4 章中温度梯度冻土压缩变形过程所得结论，K_0DCGF 试验中，温度梯度冻土断裂过程可具体表述为：

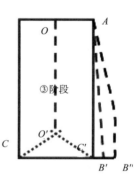

图 5-5　K_0DCGF 试验中冻土断裂过程

(1) $0 \leqslant \varepsilon_a \leqslant \varepsilon_a^f$ (ε_a^f 为弹性变形段上限)阶段。冻土基本以弹性变形为主，但由于弹性模量因温度梯度存在受到弱化，径向膨胀变形(或垂直方向压缩变形)沿冻土高度基本呈线性分布，此阶段冻土体积变形速率略有增加。

(2) $\varepsilon_a^f \leqslant \varepsilon_a \leqslant \varepsilon_a^p$ (ε_a^p 为峰值应变)阶段。冻土变形以内部微裂隙、微孔洞萌生与扩展为主，体积变形速率由增加向降低演化，冻土应力-应变开始分离，同时冻土内部靠近暖端位置径向和环向出现最大拉应力，造成径向膨胀变形由"线性"分布向"非线性"分布过渡。

(3) $\varepsilon_a \geqslant \varepsilon_a^p$ 阶段为冻土微裂纹迅速发展阶段。此阶段中，冻土底部高温端迅速膨胀，微裂纹联合、扩展速度迅速增加，冻土沿 $O'C$ 和 $O'C'$ 围成的圆锥面向下滑移，并沿 OO' 面开裂。但 K₀DCGF 减载试验中冻土开裂迅速演化为轴向劈裂，进而断裂为图 5-4(b)所示的碎块。

K₀DCGF 试验中，外荷载对温度梯度冻土做功，一部分转化为可恢复的弹性应变能储存在冻土内部；另外一部分则为裂纹扩展、断裂面形成所耗散的能量。

5.2　K₀DCGF 试验中能量规律

对 K₀DCGF 试验中温度梯度冻土断裂过程按两阶段分析：①弹性变形之后，峰值应力前，为微裂纹萌生扩展阶段(图 5-5 中阶段①和阶段②)；②裂峰值应变之后为微裂纹失稳扩展贯通阶段(图 5-5 中阶段③)。以下对 K₀DCGF 加载试验和 K₀DCGF 减载试验分别进行分析。

5.2.1　K₀DCGF 加载试验

K₀DCGF 加载试验中冻土垂直方向荷载 F^s 分为 F_1(固结完成后施加在冻土上的初始荷载)与 F_2(剪切过程中施加在冻土上的外荷载)两部分。根据温度梯度冻土断裂模式，将温度梯度冻土微裂纹萌生扩展阶段简化为带有初始裂纹的三点受力梁模型。将温度梯度冻土中初始微裂隙和微孔洞等效为一定长度的初始裂纹。图 5-6(a)、(c)、(e)所示给出 K₀DCGF 加载试验中冻土在达到峰值应力之前垂直方向荷载与垂直方向位移关系曲线。

垂直方向外荷载与垂直方向位移关系曲线可表达为

$$F_2 = M_y \cdot \Delta_y + \frac{\Delta - \Delta_y}{a_\Delta + b_\Delta \cdot \left(\Delta - \Delta_y\right)} \tag{5-1}$$

式中，Δ 为垂直方向位移；M_y 是 Δ-F_2 曲线初始直线段(Δ_y =0.2 mm)的斜率，kN/mm，是温度梯度的函数(考虑温度梯度诱导的"非均质"影响，即为初始等效裂纹长度的函数)，即 $M_y = f\left(\text{grad}\,T\right)$；$a_\Delta$ 和 b_Δ 是冻土材料参数，由试验测定。其值如表 5-1 所示。

表 5-1　a_Δ、b_Δ、M_y 值

固结压力(MPa)	温度梯度(℃/cm)	参数			
		M_y	b_Δ	a_Δ	R^2
3.2	0.25	36.873	0.0241	0.0627	0.9958
	0.50	34.168	0.0261	0.0552	0.9973
8.0	0.25	37.230	0.0237	0.0523	0.9989
	0.50	35.608	0.0246	0.0564	0.9966
12.0	0.25	40.268	0.0202	0.0656	0.9972
	0.50	37.879	0.0207	0.0567	0.9977

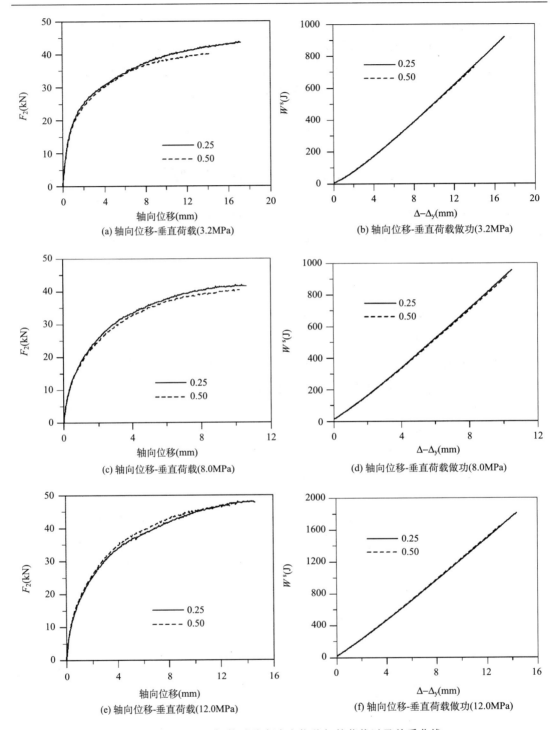

图 5-6 K_0DCGF 加载试验中冻土位移与外荷载以及关系曲线

垂直荷载在位移为 Δ 时做的总功 W^s 应叠加初始部分：

$$W^s = \int_0^\Delta F_2 \cdot d\Delta + F_1 \cdot \Delta \tag{5-2}$$

将式(5-1)代入式(5-2)中得

$$W^s = F_1 \cdot \Delta + \frac{1}{2} M_\Delta \cdot \Delta_y^2 + \frac{\Delta - \Delta_y}{b_\Delta} - \frac{a_\Delta \cdot \ln\left[a_\Delta + b_\Delta \cdot \left(\Delta - \Delta_y\right)\right]}{b_\Delta^2} + \frac{a_\Delta \cdot \ln a_\Delta}{b_\Delta^2} \tag{5-3}$$

将 $\Delta_y = 0.2\text{mm}$，表 5-1 中 M_y、a_Δ 和 b_Δ 值代入式(5-3)中，则得图 5-6(b)、(d)、(f)所示的温度梯度冻土垂直方向外荷载做功的演化过程。

从图 5-6(b)、(d)、(f)中可以看出，K_0DCGF 加载试验中温度梯度越大，垂直荷载做功越少。但是在冻土三轴压力室中，垂直荷载对冻土做功并不完全由冻土吸收，冻土径向膨胀克服围压需要耗散掉一部分能量，因此外荷载对冻土实际做功要小于图 5-6 所示结果。

考虑到围压作用，外荷载对冻土所做的总功为

$$W = \int_0^\Delta F \cdot d\Delta - 2V_s \int_0^{\varepsilon_r} \sigma_3 \cdot d\varepsilon_r \tag{5-4}$$

式中，W 代表考虑围压后的外荷载对冻土做功总量；V_s 为冻土体积；ε_r 为冻土径向　变形。

根据式(5-4)得 K_0DCGF 加载试验中冻土达到峰值应力之前外荷载做功总量(扣除克服围压做功)如表 5-2 所示。可见，随温度梯度降低和固结压力增加，冻土克服围压做功增加，外荷载所做总功亦逐渐增加。

表 5-2　冻土峰值应力前的外荷载做功

固结压力(MPa)	温度梯度(℃/cm)	垂直输入功(J)	克服围压做功(J)	外荷载做功总量(J)
3.2	0.25	921.723	153.262	768.461
	0.50	729.624	154.345	575.279
8.0	0.25	955.969	353.055	602.914
	0.50	910.828	356.839	553.989
12.0	0.25	1811.561	870.225	941.336
	0.50	1643.886	774.750	869.136

5.2.2　K_0DCGF 减载试验

K_0DCGF 减载试验中冻土应力速率突然降低对应的轴向变形约为 0.07(图 4-8 所示)。当轴向变形超过 0.07 后，冻土内部微裂纹迅速扩展贯通；而当轴向变形 ≤0.07 时，为微裂纹萌生扩展过程。

K_0DCGF 减载试验中冻土轴向荷载保持恒定，故轴向荷载 F^s 做功为

$$W^s = F^s \cdot \Delta \tag{5-5}$$

K_0DCGF 减载试验中围压降低过程冻土克服围压做功分为两部分：弹性变形阶段，(对应轴向应变约为 0.003)微裂纹萌生扩展阶段：

$$W^h = 2V_s \cdot \left[\frac{1}{2} \left(\sigma_3^0 - \sigma_3^y \right) \cdot \varepsilon_r^y + \int_{\sigma_3^y}^{\sigma_3} \varepsilon_r \cdot d\sigma_3 \right] \tag{5-6}$$

式中，W^h 代表冻土径向变形克服围压做功；$\sigma_3^0 - \sigma_3^y$ 为弹性变形段围压增量，$\sigma_3^0 = 10.584MPa$，为初始围压；ε_r^y 为弹性变形段对应的径向变形。

结合式(5-6)和式(5-5)，得减载路径中外荷载对冻土所做的总功为

$$W = W^s - 2V_s \cdot \left[\frac{1}{2} \left(\sigma_3^0 - \sigma_3^y \right) \cdot \varepsilon_r^y + \int_{\sigma_3^y}^{\sigma_3} \varepsilon_r \cdot d\sigma_3 \right] \tag{5-7}$$

按照与 K_0DCGF 加载试验相同的方法，获得 K_0DCGF 减载试验中冻土径向膨胀克服围压做功随轴向位移演化规律，如图 5-7 所示。

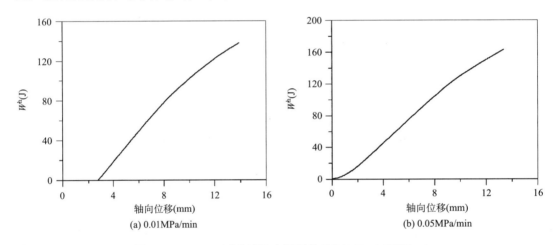

图 5-7　K_0DCGF 减载试验中围压做功(12MPa-0.05℃/cm)

根据图 5-7 和式(5-7)可得，减载路径中垂直输入功、克服围压做功以及外荷载对不同温度梯度冻土做功总量如表 5-3 所示。

表 5-3　峰值应力前的外荷载做功

固结压力(MPa)	减载速率(MPa/min)	温度梯度(℃/cm)	垂直输入功(J)	克服围压做功(J)	外荷载做功总量(J)
12.0	0.01	0.50	1319.469	138.2143	1181.255
	0.05	0.50	1319.469	168.2082	1151.261

对比表 5-2 和表 5-3 可知，K_0DCGF 减载试验中，外荷载随减载速率增加略有增加。但是 K_0DCGF 减载试验中峰值应力之前，外荷载对冻土做功略小于 K_0DCGF 加载试验。

即便考虑到加载控制方式(加载速率)不同，K_0DCGF 减载试验中冻土脆性较 K_0DCGF 加载试验更为明显，破坏更突然。姚孝新等(1980)在研究加载、减载路径下岩石破坏特征时就发现了上述现象，并认为岩石破坏后的能量释放中弹性波能量所占比例不同。下

文将对 K_0DCGF 加、减载试验中冻土的弹性应变能进行分析。

5.2.3 弹性应变能

K_0DCGF 试验中，冻土储存的弹性应变能为

$$W^e = V_s \cdot \left[\sigma_1^2 + \sigma_2^2 + \sigma_3^2 - 2\mu(\sigma_1 \cdot \sigma_2 + \sigma_2 \cdot \sigma_3 + \sigma_3 \cdot \sigma_1) \right] / 2E \quad (5-8)$$

等围压试验中，式(5-8)可转化为

$$W^e = V_s \cdot \left[\sigma_1^2 + 2\sigma_3^2 - 2\mu \cdot \left(2\sigma_1 \cdot \sigma_3 + \sigma_3^2 \right) \right] / 2E \quad (5-9)$$

式(5-9)说明，冻土破坏时的弹性应变能随冻土泊松比增大而增大，随冻土弹性模量增大而降低。

表 5-4 K_0DCGF 试验中冻土弹性应变能

试验类型	固结压力 (MPa)	温度梯度 (℃/cm)	泊松比	弹性模量 (MPa)	小主应力 (MPa)	大主应力 (MPa)	应变能密度 (J/cm³)	弹性应变能(J)	外荷载做功总量(J)	弹性应变能比例
加载	3.2	0.25	0.388	835.0	2.464	8.262	0.026	41.521	768.461	0.054
		0.50	0.388	804.9	2.464	7.934	0.025	39.113	575.279	0.068
	8.0	0.25	0.200	856.7	6.496	13.019	0.099	155.143	602.914	0.257
		0.50	0.411	848.9	6.496	12.853	0.046	71.838	553.989	0.130
	12	0.00	0.283	970.2	10.584	18.337	0.143	224.146	2058.872	0.109
		0.25	0.302	860.1	10.584	17.635	0.141	221.070	941.336	0.235
		0.50	0.174	843	10.584	17.627	0.217	340.647	869.136	0.392
减载	12-0.01	0.00	0.248	980.18	10.584	18.925	0.167	263.023	1215.834	0.216
		0.50	0.339	388.21	10.584	18.723	0.296	464.339	1181.255	0.393
	12-0.05	0.50	0.467	417.99	10.584	18.728	0.119	187.701	1151.261	0.163

表 5-4 给出 K_0DCGF 加载试验中，温度梯度冻土弹性应变能占外荷载做功总量比例和固结压力 12MPa 条件 K_0DCGF 减载试验中冻土弹性应变能占外荷载做功总量。表 5-4 中弹性模量和泊松比根据式(4-3)~式(4-6)计算得到。

由表 5-4 可以看出：

(1) 固结应力 12MPa，K_0DCGF 加载试验中均匀温度冻土弹性能比例为 0.109，而 K_0DCGF 减载试验这一数值则为 0.216。因此，K_0DCGF 减载试验中峰值应力之前，冻土储存的弹性应变能明显高于加载路径，相应的当冻土发生断裂时，能够用来释放的能量偏高。这是 K_0DCGF 减载试验中均匀温度冻土发生脆性更强于加载路径的主要原因。

(2) K_0DCGF 减载试验中温度梯度冻土(固结应力=12MPa，温度梯度=0.50℃/cm)峰值应力之前弹性应变能储存比例为 0.393，亦高于 K_0DCGF 加载试验的 0.392，这是图 5-4(b)中冻土发生瞬间断裂的主要原因。但减载速率为 0.05MPa/min 时，冻土在同样的温度梯度和固结应力水平下，所储存的弹性应变能外荷载做功的比例为 0.163，这一数值小于

K_0DCGF 加载试验，更小于减载速率为 0.01MPa/min 冻土，因此冻土断裂后并没有形成贯通的裂纹，如图 5-4(c)所示。

将表 5-4 K_0DCGF 加载试验中温度梯度冻土弹性应变能占外荷载做功总量比例绘于图 5-8 中。

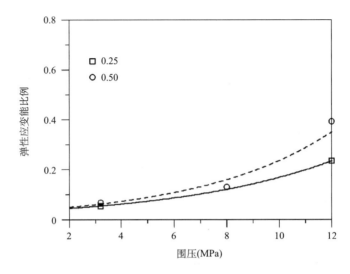

图 5-8 K_0DCGF 加载试验中弹性应变能比例与固结压力之间关系

从图 5-8 中可以看出，相同温度梯度，固结压力越大，弹性应变能比例越高，冻土破坏时的脆性越强；相同固结压力下温度梯度越高，弹性应变能比例越高，而冻土破坏时的脆性越强，且不同温度梯度之间差异伴随固结压力增加逐渐加强。上述结论与第 4 章中 K_0DCGF 加载试验冻土应力-应变曲线特征分析结果基本吻合。

K_0DCGF 试验中温度梯度冻土破坏是一个微裂隙萌生、扩展、贯通的过程。新裂隙面的产生需要吸收能量，裂纹面之间的滑移摩擦也将耗散能量。当微裂纹扩展到图 5-5 中②阶段和③阶段对应状态时，温度梯度冻土应力-应变曲线超过峰值进入软化阶段（K_0DCGF 减载试验中则为轴向变形迅速增加），微裂纹机制演变为裂纹失稳扩展机制，冻土发生断裂。以下基于三点弯曲梁模型建立温度梯度冻土裂纹失稳扩展过程中的能量释放率模型。

5.2.4   温度梯度冻土裂纹扩展过程中能量释放率模型

K_0DCGF 试验中，应力达到峰值状态后，如果让裂纹继续扩展，必须提供动力或新的能量。裂纹扩展单位面积系统提供的动力为 G_I^g，裂纹扩展阻力为 R，则有 $G_I^g \geqslant R$。

设整个弹性系统(冻土和试验机系统)的总势能为 U。裂纹扩展 dA_{crack} 面积消耗的能量为 $RdA_{crack} = G_I^g dA_{crack}$，这相当于系统的总势能下降 $-dU$，即

$$\left. \begin{array}{l} G_I^g \cdot dA_{crack} = -dU \\ \text{或} G_I^g = -\dfrac{\partial U}{\partial A_{crack}} \end{array} \right\} \tag{5-10}$$

式中，G_I^g 为裂纹扩展单位面积系统能量的下降率或释放率，下标 I 表示 I 型裂纹。

若试样厚度为 B_crack，裂纹长度为 a_crack，则 $\mathrm{d}A_\mathrm{crack} = B_\mathrm{crack} \cdot \mathrm{d}a_\mathrm{crack}$，于是式(5-10)变为

$$G_\mathrm{I}^\mathrm{g} = -\frac{1}{B_\mathrm{crack}} \cdot \frac{\partial U}{\partial a_\mathrm{crack}} \tag{5-11}$$

当 $B_\mathrm{crack} = 1$，即单位厚度试样时

$$G_\mathrm{I}^\mathrm{g} = -\frac{\partial U}{\partial a_\mathrm{crack}} \tag{5-12}$$

式中，G_I^g 是温度梯度冻土中裂纹扩展单位长度系统势能的下降率或称为裂纹扩展力，单位为 N/m。

根据式(5-10)，裂纹扩展过程中，弹性体应变能增量 $\mathrm{d}W_\mathrm{e}$ 和裂纹扩展消耗能量 $G_\mathrm{I} \cdot \mathrm{d}a_\mathrm{crack}$ 之和，应等于外力做功的 $\mathrm{d}W$ (即荷载势能变化)

$$\mathrm{d}W = \mathrm{d}W_\mathrm{e} + G_\mathrm{I}^\mathrm{g} \cdot \mathrm{d}a_\mathrm{crack} \tag{5-13}$$

或

$$G_\mathrm{I}^\mathrm{g} = -\frac{\partial(W_\mathrm{e} - W)}{\partial a_\mathrm{crack}}$$

比较式(5-10)和式(5-13)得

$$\left.\begin{array}{l} U = W_\mathrm{e} - W \\ \text{或 } \mathrm{d}U = \mathrm{d}W_\mathrm{e} - \mathrm{d}W \end{array}\right\} \tag{5-14}$$

当荷载和边界都发生变化时，有 $\mathrm{d}F_\mathrm{crack} \neq 0$，$\mathrm{d}\delta \neq 0$，有 $\delta = C_\mathrm{crack} \cdot F_\mathrm{crack}$，则

$$\mathrm{d}W = F_\mathrm{crack} \cdot \mathrm{d}\delta = F_\mathrm{crack}^2 \cdot \mathrm{d}C_\mathrm{crack} + C_\mathrm{crack} \cdot F_\mathrm{crack} \cdot \mathrm{d}F_\mathrm{crack} \tag{5-15}$$

$$W_\mathrm{e} = \frac{1}{2} F_\mathrm{crack} \cdot \delta = \frac{1}{2} F_\mathrm{crack}^2 \cdot C_\mathrm{crack} \tag{5-16}$$

$$\mathrm{d}W_\mathrm{e} = \mathrm{d}\left(\frac{1}{2} F_\mathrm{crack}^2 \cdot C_\mathrm{crack}\right) = C_\mathrm{crack} \cdot F_\mathrm{crack} \cdot \mathrm{d}F_\mathrm{crack} + \frac{1}{2} F_\mathrm{crack}^2 \cdot \mathrm{d}C_\mathrm{crack} \tag{5-17}$$

$$\mathrm{d}U = \mathrm{d}W_\mathrm{e} - \mathrm{d}W = \frac{1}{2} F_\mathrm{crack}^2 \cdot \mathrm{d}C_\mathrm{crack} \tag{5-18}$$

$$-a_\mathrm{crack} \cdot U = \frac{1}{2} F_\mathrm{crack}^2 \cdot \mathrm{d}C_\mathrm{crack} \quad G_\mathrm{I}^\mathrm{g} = -\frac{\partial U}{\partial a_\mathrm{crack}} = \frac{F_\mathrm{crack}^2}{2} \cdot \left(\frac{\partial C_\mathrm{crack}}{\partial a_\mathrm{crack}}\right) \tag{5-19}$$

即

$$G_\mathrm{I}^\mathrm{g} = -\left(\frac{\partial U}{\partial a_\mathrm{crack}}\right)_F = -\left(\frac{\partial U}{\partial a_\mathrm{crack}}\right)_\delta = -\frac{\partial U}{\partial a_\mathrm{crack}} = \frac{F_\mathrm{crack}^2}{2} \cdot \left(\frac{\partial C_\mathrm{crack}}{\partial a_\mathrm{crack}}\right) \tag{5-20}$$

式中，F_crack 为考虑围压作用的裂纹扩展荷载，$F_\mathrm{crack} = F_\mathrm{crack}' - a_\mathrm{crack} \cdot \sigma_3$。

需要指出的是：上述能量释放率是基于 K$_0$DCGF 试验中冻土峰值应力之后的裂纹扩展模型，温度梯度冻土应力达到峰值之后，储存的弹性应变能处于释放过程，外力做功全部用于裂纹扩展。此时的能量释放率即为弹性应变能释放率。

根据图 5-5，并假设环向受力不影响径向弯曲，将断裂过程中的温度梯度冻土简化为集中力和均布压力作用下的梁弯曲模型，如图 5-9 所示。图中 OO' 为裂纹扩展面，F'_{crack} 为悬臂梁端部等效荷载，a_{crack} 是裂纹长度，$C_{\text{crack}} = \delta/F'_{\text{crack}}$ 为加载点柔度，δ 是加载点挠度。

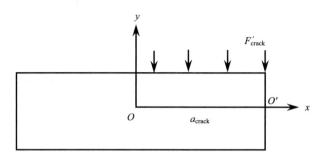

图 5-9　K_0DCGF 试验中温度梯度冻土断裂模型

对于均质材料，根据简单悬臂梁理论，加载点挠度 $\delta = \dfrac{F'_{\text{crack}} \cdot a_{\text{crack}}{}^3}{3E_0 \cdot J} - \dfrac{\sigma_3 \cdot a_{\text{crack}}{}^4}{8E_0 \cdot J}$，加载点荷载为 F，则

$$G_1^0 = \frac{F_{\text{crack}}{}^2}{2} \cdot \left(\frac{\partial C_{\text{crack}}}{\partial a_{\text{crack}}} \right) = \frac{F_{\text{crack}}{}^2}{2E_0 \cdot J} \cdot \left(a_{\text{crack}}{}^2 - \frac{\sigma_3 \cdot a_{\text{crack}}{}^3}{2F'_{\text{crack}}} \right) \tag{5-21}$$

式中，J 为冻土截面惯性矩。

根据 K_0DCGF 试验获得均匀温度冻土三轴剪切试验结果，温度梯度冻土内部弹性模量按照线性变化(参见表 4-6)

$$E(x) = E_0 \cdot \left(1 + \frac{k_{\text{crack}}}{a_{\text{crack}}} \cdot x \right) \tag{5-22}$$

式中，$E(x)$ 为增函数；E_0 为裂纹尖端处弹性模量。

由简单梁弯曲理论

$$\frac{\mathrm{d}^2 y}{\mathrm{d}^2 x} = \frac{1}{E_0 \cdot J} \cdot \left(\frac{F'_{\text{crack}} \cdot (a_{\text{crack}} - x) - \dfrac{1}{2}\sigma_3 \cdot (a_{\text{crack}} - x)^2}{1 + \dfrac{k_{\text{crack}}}{a_{\text{crack}}} \cdot x} \right) \tag{5-23}$$

通过积分，并利用边界条件 $\left.\dfrac{\mathrm{d}y}{\mathrm{d}x}\right|_{x=0} = 0$ 和 $y|_{x=0} = 0$，得

$$\begin{aligned} y(x) = \frac{1}{E_0 \cdot J} \cdot &\left\{ \frac{1}{2} \cdot B_z \cdot x^2 + N \cdot \left[x \cdot \ln\left(\frac{a_{\text{crack}}}{k_{\text{crack}}} + x \right) - x + \frac{a_{\text{crack}}}{k_{\text{crack}}} \cdot \ln\left(\frac{a_{\text{crack}}}{k_{\text{crack}}} + x \right) \right] \right. \\ &\left. - \frac{1}{12} \frac{a_{\text{crack}}}{k_{\text{crack}}} \cdot \sigma_3 \cdot x^3 + D_1 \cdot x + D_2 \right\} \end{aligned} \tag{5-24}$$

式中，

$$B_z = -\frac{F'_{crack} \cdot a_{crack}}{k_{crack}} + a_{crack}^2 \cdot \sigma_3 \cdot \left(\frac{1}{k_{crack}} + \frac{1}{2k_{crack}^2} \right)$$

$$N = \frac{F'_{crack} \cdot a_{crack}^2}{k_{crack}} \left(\frac{1}{k_{crack}} + 1 \right) - \frac{1}{2} \frac{a_{crack}^3}{k_{crack}} \sigma_3 \cdot \left(\frac{1}{k_{crack}} + 1 \right)^2$$

$$D_1 = -N \cdot \ln \frac{a_{crack}}{k_{crack}}, \quad D_2 = -N \cdot \frac{a_{crack}}{k_{crack}} \cdot \ln \frac{a_{crack}}{k_{crack}}$$

当 $\sigma_3 = 0$ 时，式(5-24)就退化为张双寅(2003)公式

$$y(x) = \frac{F'_{crack} \cdot a_{crack}^3}{E_0 \cdot J \cdot k_{crack}^2} \left\{ \left(1 + \frac{1}{k_{crack}} \right) \left(1 + \frac{k_{crack} \cdot x}{a_{crack}} \right) \left[\ln \left(1 + \frac{k_{crack} \cdot x}{a_{crack}} \right) - 1 \right] \right.$$
$$\left. - \frac{x}{a_{crack}} - \frac{k_{crack}}{2} \cdot \frac{x^2}{a_{crack}^2} + \left(1 + \frac{1}{k_{crack}} \right) \right\} + \frac{F'_{crack} \cdot a_{crack}^2}{E_0 \cdot J \cdot k_{crack}^2} x$$

$$\tag{5-25}$$

根据 $\delta = y(a_{crack})$ 和 $C_{crack} = \dfrac{\delta}{F'_{crack}}$，将 $\dfrac{\partial C_{crack}}{\partial a_{crack}}$ 代入式(5-20)，并令 $\dfrac{\sigma_3 \cdot a_{crack}}{F'_{crack}} = k_\sigma$，则有

$$\frac{G_I^g}{G_I^0} = \frac{f(k_\sigma, k_{crack}, a_{crack})}{1 - \dfrac{k_\sigma}{2}} \tag{5-26}$$

当 $k_\sigma = 0$ 时，上式退化为

$$\frac{G_I^g}{G_I^0} = \frac{3}{k_{crack}^2} \cdot \left\{ \frac{(1+k_{crack})^2}{k_{crack}} \cdot \left[\ln(1+k_{crack}) - 1 \right] + 1 - \frac{k_{crack}}{2} + \frac{1}{k_{crack}} \right\} \tag{5-27}$$

据式(5-27)可得温度梯度冻土失稳扩展过程中的能量释放率演化规律，如表 5-5 所示。

表 5-5　温度梯度冻土中裂纹能量释放率

k_σ	k	式(5-26)	k_σ	k	式(5-26)	k_σ	k	式(5-26)	k_σ	k	式(5-26)
	0.02	0.995		0.02	0.995		0.02	0.995		0.02	0.9949
	0.04	0.9901		0.04	0.9901		0.04	0.9901		0.04	0.9899
0.01	0.08	0.9806	0.03	0.08	0.9806	0.05	0.08	0.9805	0.20	0.08	0.9802
	0.10	0.9759		0.10	0.9759		0.10	0.9758		0.10	0.9754
	0.20	0.9536		0.20	0.9535		0.20	0.9534		0.20	0.9527

从表 5-5 可知：

(1) K_0DCGF 试验中，温度梯度冻土中裂纹向弹性模量高处扩展(温度低处)，能量释放率数值逐渐增大。相同围压，温度梯度越大(即 k_{crack} 越大)，冻土裂纹开裂所需能量越低，与温度梯度冻土断裂过程中的能量分析结果吻合。

(2) 采用柔度法确定温度梯度冻土断裂过程能量释放率，围压存在对冻土裂纹能量释放率有显著影响。相同温度梯度(即 k_{crack} 相同)，能量释放率 G_I^g 随围压与裂纹处的拉应力比值 k_σ 增大而降低。

5.3　K_0DCGF 减载试验中均匀温度冻土断裂能量规律

按照 5.2.2 节中方法，获得 K_0DCGF 减载试验中均匀温度冻土径向膨胀克服围压随轴向位移增加而变化的曲线如图 5-10 所示。外荷载对冻土所做功(1319.469J)扣除克服围压做功(103.635J)后的总量为 1215.834J，储存的弹性能为 263.023J。

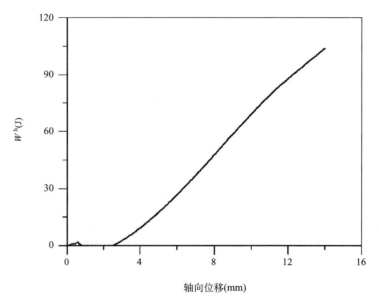

图 5-10　K_0DCGF 减载试验中均匀温度冻土峰值应力前克服围压做功曲线

K_0DCGF 减载试验中均匀温度冻土在峰值应力之后冻土沿剪切断裂面滑动。因此，不能沿用 5.2.4 节的能量释放率模型。设剪切带与最大主应力的夹角为 α，在产生剪切破裂后，可以认为冻土的绝大多数变形表现为沿宏观破裂面的滑移，如图 5-11(a)所示。由此可以得到 K_0DCGF 减载试验中均匀温度冻土剪切面上的剪应力

$$\tau = \frac{1}{2}(\sigma_1 - \sigma_3) \cdot \sin 2\alpha \tag{5-28}$$

K_0DCGF 减载试验中，对于应力峰值点之后剪切断裂面滑移所耗散的能量，如图 5-11(b)所示，在冻土应力-轴向变形曲线上，峰值应力后的滑动应变 u 与冻土轴向压缩变形 $\varepsilon_a - \varepsilon_a^p$ 之间的关系为

$$u_{rs} = \frac{\varepsilon_a - \varepsilon_a^p}{\cos \alpha} = \frac{\varepsilon_a - \varepsilon_a^p - \dfrac{\sigma_1 - \sigma_3}{E}}{\cos \alpha} \tag{5-29}$$

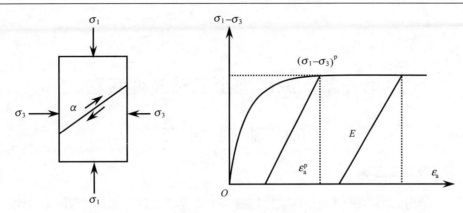

(a) K₀DCGF减载中均匀温度冻土剪切面　　　(b) K₀DCGF减载中均匀温度冻土应力-应变关系

图 5-11　K₀DCGF 减载试验中均匀温度冻土剪切断裂面以及应力-应变曲线

当 $\varepsilon_a = \varepsilon_a^p$ 时，$u_{rs} = 0$，$\varepsilon_a = \varepsilon_a^{ult}$ 时，$u_{rs} = u_{rs}^{ult}$。利用图 5-11(b)所示的 K₀DCGF 减载试验中均匀温度冻土应力-轴向变形关系，可得到峰值应力之后耗散在剪切面上的能量为

$$W^P = V_s \cdot \int_0^{u_{rs}^{ult}} \tau \cdot \mathrm{d}u_{rs} \qquad (5\text{-}30)$$

式中，W^P 为峰后耗散在剪切面上的总能量。当滑动应变为 0.03417，剪切面耗散能量为 225.1269J。

5.4　小　　结

(1) K₀DCGF 加载试验，温度梯度对冻土破坏过程的影响为轴向劈裂，且温度梯度越高，固结应力越大，冻土脆性破坏特征越显著。但是 K₀DCGF 减载试验，冻土的脆性破坏特征强于 K₀DCGF 加载试验，且破坏具有突然性。

(2) K₀DCGF 加载试验，均匀温度冻土呈现出腰鼓形破坏；而 K₀DCGF 减载试验，冻土形成剪切断裂面，脆性特征强于加载试验。

(3) K₀DCGF 加载试验，温度梯度冻土在达到峰值应力之前，相同温度梯度下冻土外荷载所做总功随固结应力增加而增加，弹性应变能所占总功的比例也呈增加规律；但相同固结压力和温度梯度条件下，弹性应变能比例小于 K₀DCGF 减载试验。

(4) K₀DCGF 试验中，当温度梯度超过峰值应力后，冻土从微裂纹机制演变为裂纹失稳扩展机制，温度梯度在冻土裂纹扩展过程中的能量释放率逐渐增大。

(5) K₀DCGF 减载试验，均匀温度冻土达到峰值应力之后，断裂过程有别于温度梯度冻土，温度梯度为裂纹失稳扩展机制，均匀温度则表现为沿剪切断裂面的滑移机制。滑移过程中外力做功一部分转变为弹性变形能储存在试样内部，一部分耗散在滑动移过程中。

第6章 深部冻土三轴蠕变实验

6.1 轴 向 蠕 变

6.1.1 蠕变及蠕变速率

图 6-1 给出 K_0DCGF 试验中冻土轴向蠕变变形及蠕变速率曲线。为便于对比,图 6-2 和图 6-3 给出了 GFC 试验中冻土轴向蠕变变形及蠕变速率曲线(12MPa)。

从图 6-1～图 6-3 中 K_0DCGF 和 GFC 试验中冻土蠕变及蠕变速率试验曲线中可以看出:

(1) K_0DCGF 试验中,当蠕变应力不超过冻土的蠕变破坏强度时,在蠕变时间不超过 10h 内,冻土蠕变曲线具有初始瞬时蠕变、衰减蠕变和稳定蠕变三个阶段;而当蠕变应力超过冻土蠕变破坏强度时,冻土蠕变曲线出现初始瞬时蠕变、衰减蠕变、稳定蠕变和加速蠕变四个阶段。相同蠕变时间内,GFC 试验中冻土只具有初始瞬时蠕变和衰减蠕变阶段,而没有进入稳定蠕变和加速蠕变阶段。

(2) K_0DCGF 试验中,当蠕变应力不超过冻土的蠕变破坏强度时,蠕变速率达到最小对应的蠕变时间随固结应力增加略有降低。相同固结应力条件下,蠕变速率随温度梯度的增加,冻土蠕变达到稳定蠕变阶段所对应的蠕变时间略有降低。当蠕变应力超过冻土蠕变破坏强度时,K_0DCGF 试验中冻土蠕变速率达到最小的时间则明显减少。

6.1.2 最小轴向蠕变速率

K_0DCGF 蠕变试验中,取冻土蠕变速率曲线上稳定蠕变阶段对应的速率平均值作为最小蠕变速率,所得结果列于表 6-1 中。

表 6-1 最小蠕变速率(K_0DCGF)

温度梯度 (℃/cm)	固结应力 (MPa)	蠕变应力 (MPa)	最小蠕变 速率
0.00	3.2	5.83	0.0023
		6.47	0.0073
		7.10	0.0152
	8.0	7.87	0.0048
		8.51	0.0104
		9.14	0.1449
0.50	3.2	5.32	0.0039
		5.83	0.0112
		6.47	0.0253

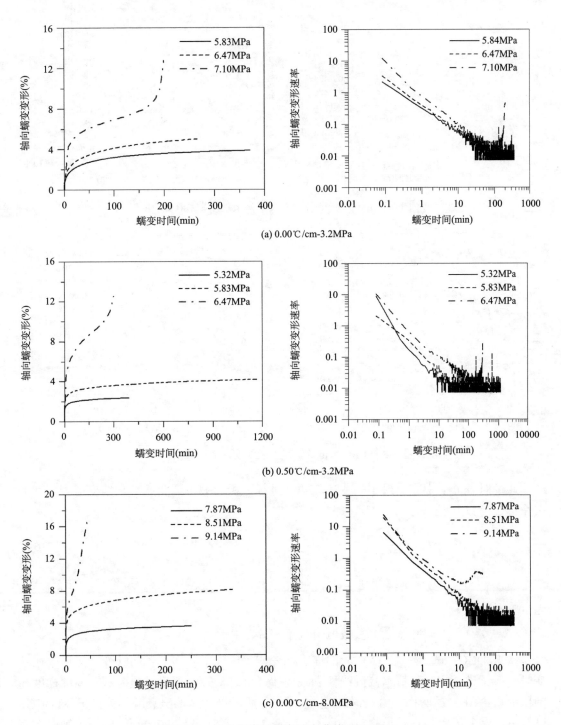

(a) 0.00℃/cm-3.2MPa

(b) 0.50℃/cm-3.2MPa

(c) 0.00℃/cm-8.0MPa

图 6-1　冻土蠕变及蠕变速率曲线(K$_0$DCGF)

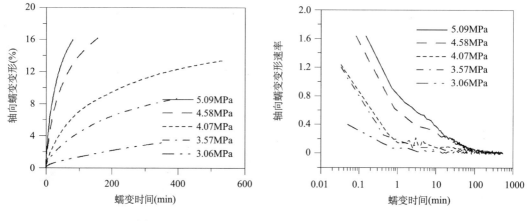

图 6-2　0.00℃/cm 冻土蠕变及蠕变速率曲线(GFC)

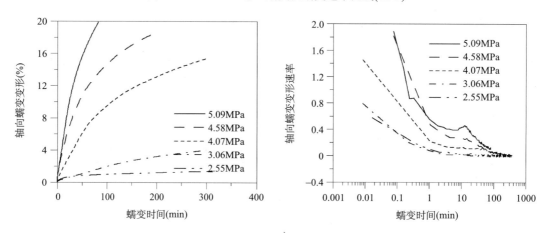

图 6-3　0.50℃/cm 冻土蠕变及蠕变速率曲线(GFC)

通过对表 6-1 中冻土最小蠕变速率数据进行分析，最小蠕变速率与蠕变应力之间的关系符合指数方程

$$\left(\frac{\Delta\varepsilon_a}{\Delta t}\right)_{\min} = \left(\frac{\Delta\varepsilon_a}{\Delta t}\right)_0^{K_0DCGF} \cdot e^{\left[k_{\text{rate}}^{K_0DCGF} \cdot (\sigma_1 - \sigma_3)\right]} \tag{6-1}$$

式中，$\left(\Delta\varepsilon_a/\Delta t\right)_{\min}$ 为最小蠕变速率；$\left(\sigma_1 - \sigma_3\right)$ 为蠕变应力水平；$\left(\Delta\varepsilon_a/\Delta t\right)_0^{K_0DCGF}$ 和 $k_{\text{rate}}^{K_0DCGF}$ 为试验参数。

$\left(\Delta\varepsilon_a/\Delta t\right)_0^{K_0DCGF}$ 和 $k_{\text{rate}}^{K_0DCGF}$ 参数取值列于表 6-2 中。

从 K_0DCGF 试验和 GFC 试验的冻土蠕变速率曲线中可知，轴向蠕变变形速率在蠕变时间不超过 10min，基本接近线性衰减规律，且这一时间不受试验方法、温度梯度和围压影响。GFC 试验中，蠕变时间超过 10min 后，仍然呈现出衰减趋势；但 K_0DCGF 试验中，蠕变速率则趋近于稳定。将 GFC 试验中蠕变时间等于 10min 的冻土轴向蠕变速率绘于图 6-4 中。

表 6-2　最小蠕变速率的各计算参数取值(K₀DCGF)

固结应力(MPa)	温度梯度(℃/cm)	$(\Delta\varepsilon_{a}/\Delta t)_{0}^{K_{0}DCGF}$	$k_{rate}^{K_{0}DCGF}$
3.2	0.00	4×10^{-7}	1.5008
	0.50	8×10^{-7}	1.6078
8.0	0.00	2×10^{-12}	2.6837

从图 6-4 中可知，相同围压下，温度梯度越大，GFC 试验中蠕变时间为 10min 对应蠕变速率越大，GFC 试验中冻土 10min 蠕变速率随蠕变应力增加而显著增加。其与蠕变应力和温度梯度之间的关系符合以下函数：

$$\left(\frac{\Delta\varepsilon_{a}}{\Delta t}\right)_{t=10\min}=\left(\frac{\Delta\varepsilon_{a}}{\Delta t}\right)_{0}^{GFC}\cdot e^{[k_{rate}^{GFC}\cdot(\sigma_{1}-\sigma_{3})]} \tag{6-2}$$

式中，$(\Delta\varepsilon_{a}/\Delta t)_{t=10\min}$ 为 10min 时的蠕变速率；$(\Delta\varepsilon_{a}/\Delta t)_{0}^{GFC}$ 和 k_{rate}^{GFC} 为试验参数(表 6-3)。

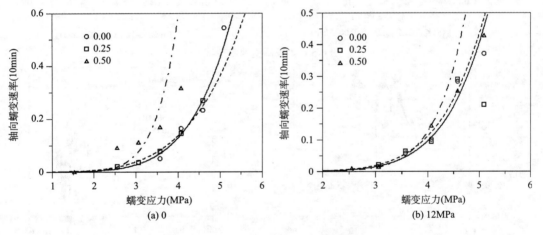

图 6-4　冻土 10min 时蠕变速率曲线(GFC)

表 6-3　10min 蠕变速率的各计算参数取值(GFC)

围压(MPa)	温度梯度(℃/cm)	$(\Delta\varepsilon_{a}/\Delta t)_{0}^{GFC}$	k_{rate}^{GFC}
0	0.00	0.0005	1.3598
	0.25	0.0008	1.2709
	0.50	0.0105	0.8114
12	0.00	0.0001	1.5957
	0.25	0.0002	1.6169
	0.50	0.0001	1.6703

6.2　体　积　蠕　变

6.2.1　体积蠕变速率

从图 6-5～图 6-7 的 K_0DCGF 和 GFC 体积蠕变速率试验中可以看出：

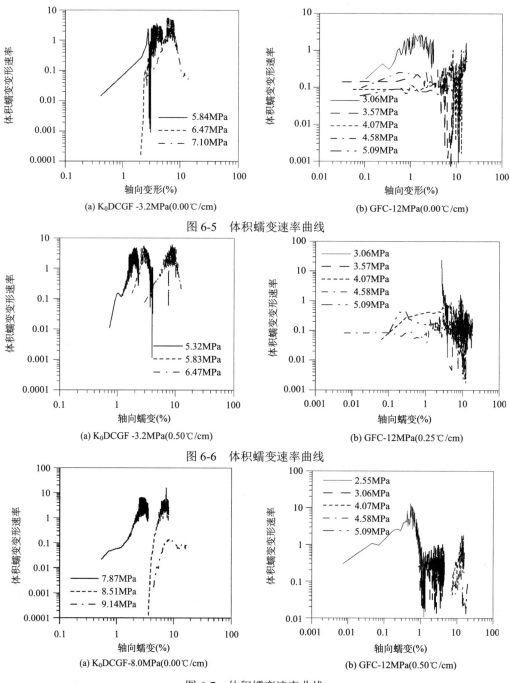

(a) K_0DCGF -3.2MPa(0.00℃/cm)

(b) GFC-12MPa(0.00℃/cm)

图 6-5　体积蠕变速率曲线

(a) K_0DCGF -3.2MPa(0.50℃/cm)

(b) GFC-12MPa(0.25℃/cm)

图 6-6　体积蠕变速率曲线

(a) K_0DCGF-8.0MPa(0.00℃/cm)

(b) GFC-12MPa(0.50℃/cm)

图 6-7　体积蠕变速率曲线

(1)冻土体积蠕变变形速率曲线呈现出先增加后降低的规律。但 K_0DCGF 试验中冻土体积蠕变速率增加和降低的趋势较 GFC 试验显著。

(2)K_0DCGF 试验中，冻土的体积蠕变速率曲线上升段、峰值点以及下降段与冻土轴向蠕变曲线中的衰减蠕变阶段、开始进入稳定蠕变阶段点以及稳定蠕变(或加速蠕变阶段)相对应，冻土轴向蠕变曲线中蠕变速率达到最小对应的轴向蠕变变形与体积蠕变速率曲线中峰值对应的轴向变形相同，如图 6-8 所示。

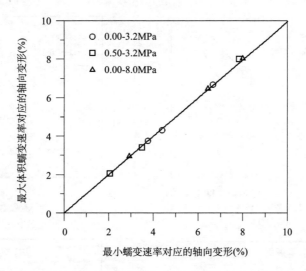

图 6-8　轴向蠕变速率最小值处轴向变形与体积蠕变速率峰值对应的轴向变形关系(K_0DCGF)

图 6-9 为 K_0DCGF 试验中冻土体积蠕变速率峰值对应的轴向变形与固结压力、温度梯度之间的关系曲线。可以看出，K_0DCGF 试验中冻土体积蠕变速率达到峰值对应的轴向变形随蠕变应力增加而增加。但是相同固结应力下，这一数值随温度梯度增加而降低，即温度梯度可以诱导冻土体积蠕变的发展。而相同温度梯度条件下，随固结压力增加体积蠕变达到峰值时对应的轴向变形降低，即固结压力的增加可以诱导冻土体积蠕变向膨胀方向发展。

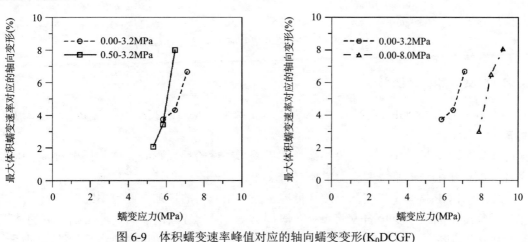

图 6-9　体积蠕变速率峰值对应的轴向蠕变变形(K_0DCGF)

(3)GFC 试验中冻土体积蠕变速率达到峰值对应的轴向蠕变变形与蠕变应力之间的关系绘于图 6-10 中。可见，GFC 试验中，不同温度梯度下，冻土体积蠕变达到峰值对应的轴向变形随蠕变应力增加而增加。但是相同蠕变应力下，随温度梯度增加这一数值减小，即 GFC 试验中温度梯度同样可以诱导冻土体积蠕变的膨胀变形。相同蠕变应力下，随围压增加冻土体积蠕变达到峰值对应的轴向变形减小，即固结压力的增加可以诱导冻土体积蠕变向膨胀方向发展。

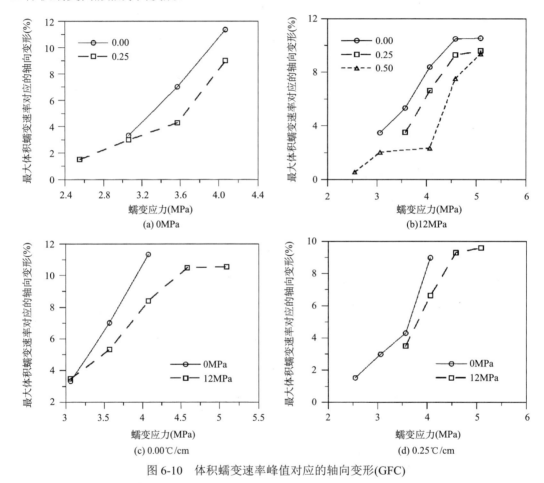

图 6-10　体积蠕变速率峰值对应的轴向变形(GFC)

6.2.2　最终体积蠕变变形

表 6-4 为 K_0DCGF 试验中，均匀温度冻土蠕变试验后的实测体积变形。对比图 6-4 可知：

(1)K_0DCGF 试验中，冻土最终蠕变体积变形在试验后以膨胀为主。且相同固结压力条件下冻土膨胀趋势随蠕变应力增加有所增加。

(2)K_0DCGF 试验中，相同温度梯度冻土随固结压力的增加，使得不同蠕变应力水平下冻土蠕变后的体积变化向收缩演变，但是当蠕变时间逐渐增加后，冻土蠕变后的体积仍然出现膨胀变形。上述两点结论与图 6-5～图 6-7 中冻土体积蠕变速率所得结论吻合。

表 6-4　**K₀DCGF 试验后冻土三轴蠕变后体积变形**

固结应力(MPa)	蠕变应力(MPa)	初始体积(cm³)	固结后体积(cm³)	破坏后体积(cm³)	体积蠕变量(%)	轴向蠕变量(%)
	5.83	1570.8	1531.1	1550～1560	−1.23～−1.89	3.88
3.2	6.47	1570.8	1532.7	1540	−0.47	5.01
	7.10	1570.8	1549.5	1600	−3.26	15.19
	7.87	1570.8	1528.2	1500	1.85	3.61
8.0	8.51	1570.8	1533.0	1560	−1.76	8.16
	9.14	1570.8	1528.3	1580	−3.38	17.29

6.3　径 向 蠕 变

图 6-11～图 6-13 给出 K₀DCGF 试验中冻土蠕变曲线(固结应力为 3.2MPa，温度梯度分别为 0.00℃/cm 和 0.50℃/cm)。

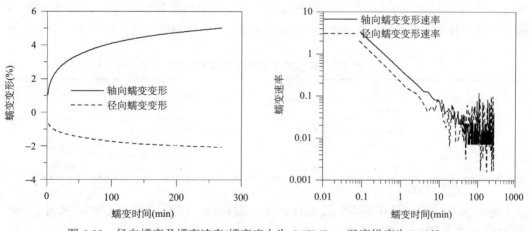

图 6-11　径向蠕变及蠕变速率(蠕变应力为 6.47MPa，温度梯度为 0.00℃/cm)

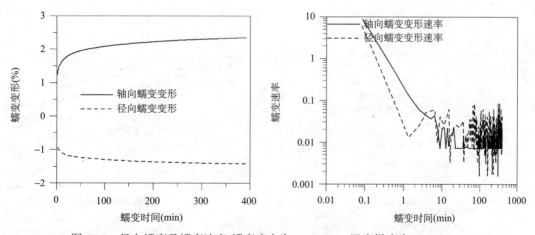

图 6-12　径向蠕变及蠕变速率(蠕变应力为 5.32MPa，温度梯度为 0.50℃/cm)

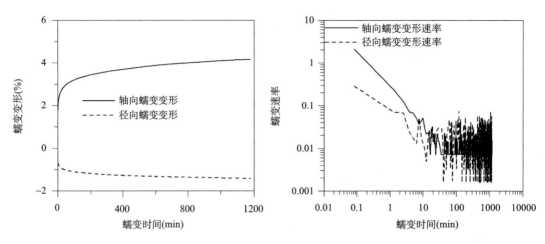

图 6-13　径向蠕变及蠕变速率曲线(蠕变应力为 5.83MPa，温度梯度为 0.50℃/cm)

从图 6-11～图 6-13 中可以看出，K₀DCGF 试验中，径向蠕变规律与轴向蠕变规律相同，当蠕变应力不超过冻土的蠕变强度时，都呈现出初始瞬时蠕变、衰减蠕变和稳定蠕变阶段。但是冻土径向蠕变速率小于轴向蠕变速率。最小径向蠕变速率列于表 6-5 中。

表 6-5　最小径向蠕变速率(K₀DCGF)

固结应力(MPa)	温度梯度(℃/cm)	蠕变应力(MPa)	轴向最小蠕变速率	径向最小蠕变速率
	0.00	6.47	0.007331	0.0059
3.2	0.50	5.32	0.003908	0.0006
	0.50	5.83	0.011177	0.0002

为和 K₀DCGF 试验中径向蠕变规律对比，图 6-14～图 6-17 给出 GFC 试验中，围压为 12MPa 冻土径向蠕变规律。

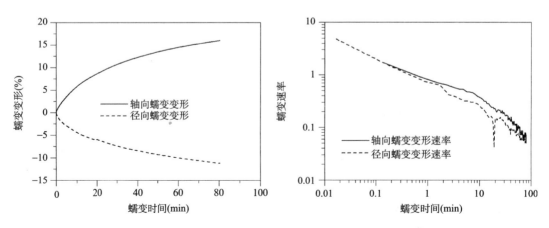

图 6-14　径向蠕变及蠕变速率(蠕变应力为 5.09MPa，温度梯度为 0.00℃/cm)

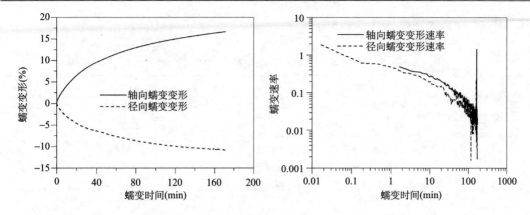

图 6-15　径向蠕变及蠕变速率(蠕变应力为 4.58MPa，温度梯度为 0.00℃/cm)

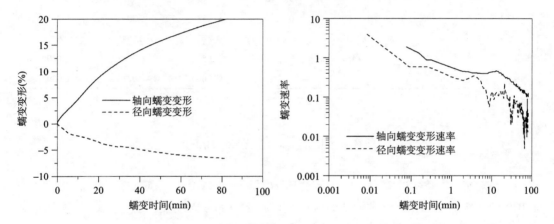

图 6-16　径向蠕变及蠕变速率曲线(蠕变应力为 5.09MPa，温度梯度为 0.50℃/cm)

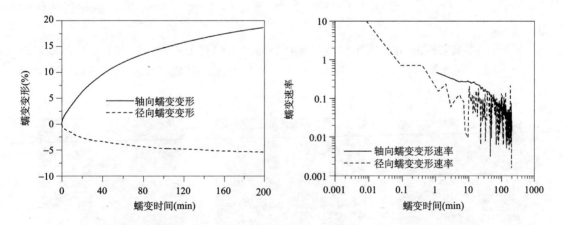

图 6-17　径向蠕变及蠕变速率(蠕变应力为 4.58MPa，温度梯度为 0.50℃/cm)

　　从图 6-14～图 6-17 中可以看出，GFC 试验中，冻土径向蠕变规律与冻土轴向蠕变规律相同，都呈现出显著的衰减特征，且径向蠕变速率小于冻土轴向蠕变速率。

　　表 6-6 给出在蠕变时间为 10min 对应的冻土轴向蠕变速率和径向蠕变速率。可以看

出，表 6-6 显示的规律与表 6-5 相同。

表 6-6　10min 径向蠕变速率(GFC)

温度梯度 (℃/cm)	0MPa 围压			12MPa 围压		
	蠕变应力(MPa)	轴向蠕变速率	径向蠕变速率	蠕变应力(MPa)	轴向蠕变速率	径向蠕变速率
0.00	3.06	0.0369	0.0288	5.09	0.3708	0.2570
	3.57	0.0513	0.0239	4.58	0.2835	0.1966
	4.07	0.1642	0.1040	4.07	0.1017	0.0685
				3.57	0.0576	0.0383
0.25	2.55	0.0216	0.0032	5.09	0.2106	0.1336
	3.06	0.0360	0.0176	4.58	0.2907	0.2074
	3.57	0.0801	0.0480	4.07	0.0945	0.0370
	4.07	0.1458	0.0845	3.57	0.0648	0.0209
				3.06	0.0216	0.0304

6.4　冻土蠕变变形机制

(1) K_0DCGF 蠕变试验中，最大蠕变应力不超过 10MPa，相应的平均法向应力不超过 10/3=3.333MPa，GFC 三轴蠕变试验(围压为 12MPa)最大蠕变应力不超过 5.5MPa，施加在冻土上的平均法向应力为 12+5.5/3=13.833MPa。

(2) 不同温度冻土中最高温度为 –15℃，其他试样高度处温度均低于 –15℃。

(3) 冻土融化压力随温度降低呈非线性增加(冻土温度为 –10℃时，融化压力约为 20MPa)。

因此，K_0DCGF 和 GFC 冻土蠕变试验中，即便考虑到土质因素，冻土中孔隙冰也不会发生整体压融现象。但 GFC 蠕变试验中，围压在温度场形成之前就施加在冻土上，试验中平均压力增高会造成冰点降低，冻土内部未冻水含量增加。

(a) 5.32MPa (0.50℃/cm)　　　　(b) 5.83MPa (0.50℃/cm)　　　　(c)6.47MPa(0.50℃/cm)

图 6-18　冻土蠕变变形破坏特征(K_0DCGF)

K₀DCGF 蠕变试验后，冻土暖端出现宏观裂缝，如图 6-18 所示，图中冻土固结压力为 3.2MPa。且通过图 6-18 中看出，固结压力增加，冻土蠕变过程中脆性增强，导致局部破碎现象发生(图 6-18(c))。而 GFC 试验方法中冻土的脆性破坏特征没有 K₀DCGF 试验方法显著。

因此，结合第 5 章中三轴剪切试验分析结果，K₀DCGF 试验中冻土的蠕变变形机制为：①衰减蠕变阶段。主要为多晶冰的黏塑性流动和土骨架的蠕变，但其流动速率由于底部裂缝出现将急剧降低，且流动速率由于温度梯度因素，在冻土未断裂区内呈梯度分布。②稳定蠕变阶段。主要为冻土底部暖端微裂纹的产生、扩展以及联合过程，此时在未断裂区中冰晶的黏塑性流动和土骨架蠕变变形受裂纹扩展影响急剧降低。③加速蠕变阶段。冻土蠕变变形机制主要为裂纹的失稳扩展。

而 GFC 试验中，冻土蠕变变形主要为多晶冰的黏塑性流动和土骨架蠕变变形。蠕变过程中，力图使得土颗粒、冰晶基面沿着剪切方向定向，并重新排列。这些过程伴随时间和不同温度梯度冻土底部裂缝的逐渐扩展相互作用进行，决定了 GFC 试验中不同温度梯度冻土蠕变变形的黏滞性变形特征。

6.5　蠕变试验中"非均质"特征

为验证 K₀DCGF 试验冻结过程中温度梯度诱导的水分迁移造成的"非均质"，对温度梯度为 0.50℃/cm，固结压力为 3.2MPa，蠕变应力为 5.83MPa 冻土蠕变试验后和固结压力为 8.0MPa，温度梯度为 0.50℃/cm 冻土加载压缩试验后的内部含水量进行了实测，结果如表 6-7 所示。

表 6-7　冻土试验后含水量(K₀DCGF)

试验方式	固结压力 (MPa)	含水量(%)					
		上	中	下	平均	高压直剪仪	Δw
蠕变	3.2	20.833	19.583	18.615	19.677	20.132	0.455
压缩	8.0	17.556	17.054	16.482	17.031	17.000	0.031

根据 6.4 节的分析，K₀DCGF 试验中不发生孔隙冰压融并向低应力区域转移的现象。实测含水量代表冻结温度场形成后的冻土内部含水量。从表 6-7 中可以看出，冻土内部含水量沿试样高度从上到下依次降低，这说明冻结过程中发生了水分重分布。平均含水量与高压直剪仪固结试验中相同固结压力实测含水量数值相差不到 1%，再次验证了 K₀DCGF 试验方法中固结过程的可靠。

试验后，冻土密度的"非均匀"分布是温度梯度诱导的"非均质"演化最终结果的重要体现之一。表 6-8 为 K₀DCGF 加载试验后冻土(固结压力为 8.0MPa，温度梯度为 0.50℃/cm)内部密度分布。很显然，密度在冻土上部最大，冻土暖端出现宏观裂缝导致相应的密度变小。

表 6-8　试验后冻土密度分布(K_0DCGF)

部位	密度(g/cm³)	时刻	密度(g/cm³)
上	>2.379	平均	2.234
中	2.067~2.150	初始	2.122
下	<2.339	结束	2.146

从表 6-8 中还可以看出，伴随固结压力增加，饱和黏土中含水量逐渐减小，密实程度大幅度提高，压缩试验后的密度也有了大幅度提高，试验后冻土内部平均密度相对固结完成时刻提高近 5.6%。

6.5.1　最终径向蠕变变形

由第 4 章分析可知，K_0DCGF 和 GFC 蠕变试验后冻土的径向变形分布是温度梯度诱导的"非均质"重要体现。以下将对蠕变试验后冻土径向变形进行分析。

图 6-19 给出 K_0DCGF 试验中，固结应力为 3.2MPa，不同蠕变应力对应的最终蠕变变形和变形沿冻土高度增加的速率曲线。可以看出，K_0DCGF 试验中，当蠕变应力不超过冻土的蠕变强度时，冻土蠕变后的径向膨胀变形沿冻土高度增加速率呈现为先增大后降低规律。且径向变形速率-冻土高度曲线中最大值位置随蠕变应力增加而降低。当蠕变应力超过冻土的蠕变强度时，蠕变试验后，冻土径向膨胀变形沿冻土高度增加速率呈现为持续增大规律，但是径向变形速率增加趋势在距离冻土冷端距离 14cm 处减缓。

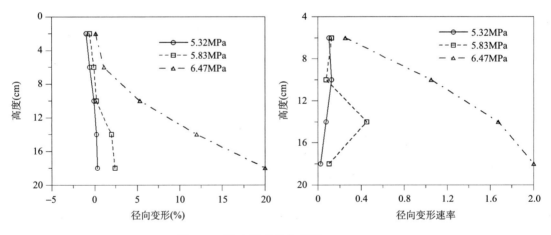

图 6-19　冻土蠕变径向变形(K_0DCGF)

6.5.2　径向"非均匀"变形机制

围压(或蠕变应力)与温度梯度影响 K_0DCGF 蠕变试验后冻土径向膨胀变形的实质为在上述因素中造成的冻土初始瞬时蠕变应变速率不同。表 6-9 给出 K_0DCGF 蠕变试验中冻土初始瞬时蠕变速率。

表 6-9　轴向瞬时蠕变速率(K_0DCGF)

3.2MPa				8.0MPa	
0.00		. 0.25		0.00	
应力	初始瞬时速率	应力	初始瞬时速率	应力	初始瞬时速率
5.83	2.2158	5.32	8.8776	7.87	6.6186
6.47	3.4218	5.83	2.0853	8.51	19.3896
7.10	12.1167	6.47	10.6578	9.14	24.1839
平均速率	5.9181		7.2069		16.7307

表 6-10　轴向瞬时蠕变速率(GFC)

三轴						单轴					
0.00℃/cm		0.25℃/cm		0.50℃/cm		0.00℃/cm		0.25℃/cm		0.50℃/cm	
应力	速率	应力	速率	应力	速率	应力	速率	应力	速率	应力	速率
5.09	1.6335	5.09	1.2330	5.09	1.8900	3.06	0.8010	2.55	0.6570	1.53	0.0045
4.58	1.6335	4.58	0.6759	4.58	1.8180	3.57	0.9378	3.06	1.3140	2.55	0.9697
4.07	1.2330	4.07	1.2330	4.07	1.4580	4.07	0.9630	3.57	0.9450	3.06	0.8896
3.57	1.2015	3.57	0.6480	3.06	0.7920	4.58	0.9450	4.07	1.0026	3.57	1.0509
3.06	0.4005	3.06	1.2330	2.55	0.5760	5.09	0.9630	4.58	0.9450	4.07	1.1961
平均速率	1.2204		1.0046		1.3068		0.9220		0.9727		1.0266

从表 6-9 和表 6-10 中可以看出，K_0DCGF 和 GFC 蠕变试验后，相同温度梯度下冻土初始瞬时蠕变速率随蠕变应力增加而增加，且固结压力越大，冻土平均初始瞬时蠕变速率越大。而相同固结应力下，随温度梯度增加，冻土初始瞬时蠕变速率增加，且均大于三轴剪切试验中的 0.01/min。但围压对冻土初始瞬时蠕变速率的影响程度要高于温度梯度。

冻土瞬时变形速率的增加，使得冻土径向膨胀变形分布规律初始便形成"非均匀"分布，即暖端强度得到优先发挥，相应的径向膨胀变形最大，随蠕变时间增加，这种分布规律逐渐加强并一直占主导地位，造成图 6-19 中的分布规律。

三轴剪切试验中，变形速率增加对冻土内部的微裂隙、微孔洞发育具有"延迟效应"；而蠕变试验中，围压(或蠕变应力)的增加是初始瞬时蠕变速率增加的根源，也就是说围压(或蠕变应力)的增加则会加剧冻土蠕变变形发展，也是冻土径向变形分布发生转变的根本原因。

6.6　小　　结

(1) K_0DCGF 蠕变试验中，当冻土蠕变曲线在蠕变应力不超过冻土的蠕变强度时，蠕变曲线上出现初始瞬时蠕变、衰减蠕变和稳定蠕变三个阶段；当蠕变应力超过冻土蠕变强度时，蠕变曲线出现初始瞬时蠕变、衰减蠕变、稳定蠕变和加速蠕变四个阶段。而 GFC 蠕变试验中，冻土具有初始瞬时蠕变和衰减蠕变两个阶段。

(2) K_0DCGF 蠕变试验和 GFC 蠕变试验中，当冻土轴向蠕变速率曲线上的蠕变时间不超过 10min 时，接近线性衰减，且这一数值基本不受试验方法、温度梯度、围压水平、蠕变应力的影响。

(3) K_0DCGF 蠕变试验中，冻土最小蠕变速率与蠕变应力之间关系符合指数函数；GFC 蠕变试验中，蠕变时间为 10min 对应的蠕变速率与蠕变应力之间关系亦符合指数函数。

(4) K_0DCGF 蠕变试验中，冻土体积蠕变速率的上升段、峰值点以及下降段与蠕变曲线中的衰减蠕变、进入稳定蠕变时刻以及稳定蠕变阶段(或加速蠕变阶段)对应。

(5) K_0DCGF 和 GFC 蠕变试验中，温度梯度和围压水平的增加都可以诱导冻土体积蠕变向膨胀方向发展。

(6) 冻土的径向蠕变速率小于轴向蠕变速率，且这一规律不受试验方法、围压、温度梯度以及蠕变应力的影响。

(7) K_0DCGF 蠕变试验中，温度梯度冻土蠕变变形机制为多晶冰的黏塑性流动和暖端裂纹的萌生与扩展；而 GFC 蠕变试验中，温度梯度冻土蠕变变形主要以多晶冰的黏塑性变形为主。

(8) 随围压(或蠕变应力)和温度梯度增加，温度梯度冻土蠕变后的径向膨胀变形沿试样高度增加而增加，其增加速率从先增加后降低规律向持续增加规律演变，造成这一现象的原因是围压(或蠕变应力)和温度梯度诱导的初始瞬时蠕变速率增加。

第7章 深土冻结壁设计方法

7.1 非均质冻结壁分层计算模型

7.1.1 黏弹塑性厚壁圆筒

目前常用的冻结壁解析解是将冻结壁看成无限长厚壁圆筒，且认为冻结壁在厚度范围内是均质材料(取"冻结壁平均温度"代替径向的温度分布)，变成受内外压的无限长厚壁圆筒(工程中模拟冻结壁开挖时内压为零)，并进一步简化为轴对称平面问题。依据冻土三轴蠕变的试验结果，变形过程与时间无关，且十分微小，即假设冻结壁体积不可压缩。见图 7-1。依据各点的应力状态和应力水平不同，将冻结壁划分成两个区域，内侧为黏塑性区，外侧为黏弹性区，黏塑性区的屈服条件采用 Mises 屈服准则。

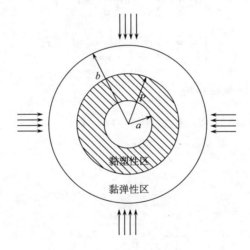

图 7-1　冻结壁计算模型

1. 黏塑性区的应力场

黏塑性区的屈服条件采用 Mises 屈服准则，为保证冻结壁安全，取冻土长时强度作为计算指标

$$\sigma_\theta^p - \sigma_r^p = \frac{2\sigma_t}{\sqrt{3}} \tag{7-1}$$

式中，σ_t 为冻土长时强度。

$$\sigma_t = \frac{\eta}{\ln\left(\dfrac{t}{T_\alpha}\right)} \tag{7-2}$$

式中，T_α 和 η 为试验参数。计算冻土长时强度的试验参数取值见表 7-1。

表 7-1　T_α 和 η 取值(黏土)

温度(℃)	T_α (d)	η (MPa)
−20	2.5×10^{-5}	68.8
−10	2.5×10^{-5}	48.0
−5	2.5×10^{-5}	28.8

冻结壁为轴对称平面问题，其平衡方程为

$$\frac{\mathrm{d}\sigma_r^p}{\mathrm{d}r} + \frac{\sigma_r^p - \sigma_\theta^p}{r} = 0 \tag{7-3}$$

将式(7-1)代入式(7-3)中进行积分，并利用边界条件 $\sigma_r^p\big|_{r=a} = P_a$，得到黏塑性区冻结壁的径向和环向应力

$$\begin{cases} \sigma_r^p = \dfrac{2}{\sqrt{3}}\sigma_t \cdot \ln\left(\dfrac{r}{a}\right) + P_a \\[2mm] \sigma_\theta^p = \dfrac{2}{\sqrt{3}}\sigma_t \cdot \left[\ln\left(\dfrac{r}{a}\right) + 1\right] + P_a \end{cases} \tag{7-4}$$

2. 黏弹性区的应力场和位移场

假设冻结壁黏弹性径向应变为 U_r，几何方程为

$$\begin{cases} \varepsilon_r = \dfrac{\partial U_r}{\partial r} \\[2mm] \varepsilon_\theta = \dfrac{U_r}{r} \\[2mm] \varepsilon_z = \dfrac{\partial U_z}{\partial_z} \\[2mm] \varepsilon_{rz} = \dfrac{\partial U_r}{\partial z} + \dfrac{\partial U_z}{\partial r} \end{cases} \tag{7-5}$$

考虑到平面应变假设($\varepsilon_z = 0$)，将几何方程代入体积不可压缩条件 $\varepsilon_r + \varepsilon_\theta + \varepsilon_z = 0$，可得

$$\frac{\mathrm{d}U_r}{\mathrm{d}r} + \frac{U_r}{r} = 0 \tag{7-6}$$

对方程(7-6)进行积分可得

$$U_r = \frac{D}{r} \tag{7-7}$$

将式(7-7)代入几何方程可得

$$\varepsilon_{r} = -\frac{D}{r^2} = -\varepsilon_{\theta} \tag{7-8}$$

剪应变偏量

$$\gamma_{i} = \frac{\sqrt{2}}{\sqrt{3}}\sqrt{(\varepsilon_{\theta}-\varepsilon_{r})^2+(\varepsilon_{z}-\varepsilon_{r})^2+(\varepsilon_{\theta}-\varepsilon_{z})^2} = 2\frac{D}{r^2} \tag{7-9}$$

剪应力偏量

$$\tau_{i} = \frac{1}{\sqrt{6}}\sqrt{(\sigma_{\theta}-\sigma_{r})^2+(\sigma_{z}-\sigma_{r})^2+(\sigma_{\theta}-\sigma_{z})^2} = \frac{1}{2}(\sigma_{\theta}-\sigma_{r}) \tag{7-10}$$

将式(7-9)和式(7-10)代入式(7-11)复杂应力状态下冻土本构方程中

$$\gamma_{i} = A \cdot t^{C} \cdot \tau_{i}^{B} \tag{7-11}$$

式中，γ_{i} 为偏应变张量；τ_{i} 为偏应力张量，MPa；t 为时间；A，B，C 为冻土三轴蠕变参数(其中 $A = \dfrac{A_{0}}{(|T|+1)^{K}}$，$A_{0}$ 为冻土三轴蠕变参数；T 为冻结壁平均温度，℃)。

得到

$$\left. \begin{aligned} \frac{2D}{r^2} &= A \cdot t^{C} \cdot \left[\frac{1}{2}(\sigma_{\theta}-\sigma_{r})\right]^{B} \\ \text{或 } \sigma_{\theta}-\sigma_{r} &= 2\left(\frac{2D}{A \cdot t^{C} \cdot r^2}\right)^{\frac{1}{B}} = 2\left(\frac{2D}{A \cdot t^{C}}\right)^{\frac{1}{B}} \cdot \frac{1}{r^{\frac{2}{B}}} \end{aligned} \right\} \tag{7-12}$$

将式(7-12)代入轴对称平面问题的平衡微分方程

$$\frac{\mathrm{d}\sigma_{r}}{\mathrm{d}r} + \frac{\sigma_{r}-\sigma_{\theta}}{r} = 0 \tag{7-13}$$

可得

$$\mathrm{d}\sigma_{r} = 2\left(\frac{2D}{A \cdot t^{C}}\right)^{\frac{1}{B}} \cdot \frac{1}{r^{\frac{2}{B}}} \cdot \frac{\mathrm{d}r}{r} \tag{7-14}$$

将上式由 $R \to r$ 进行积分，考虑边界条件 $\sigma_{r}|_{r=R} = -P_{R}$，即

$$\int_{R}^{r}\mathrm{d}\sigma_{r} = \int_{R}^{r}2\left(\frac{2D}{A \cdot t^{C}}\right)^{\frac{1}{B}} \cdot \frac{1}{r^{\frac{2}{B}}} \cdot \frac{\mathrm{d}r}{r} = 2\left(\frac{2D}{A \cdot t^{C}}\right)^{\frac{1}{B}}\left(-\frac{1}{\frac{2}{B}} \cdot r^{-\frac{2}{B}} \right)\Bigg|_{R}^{r} \tag{7-15}$$

$$\sigma_{r} = -B \cdot \left(\frac{2D}{A \cdot t^{C}}\right)^{\frac{1}{B}}\left(\frac{1}{r^{\frac{2}{B}}} - \frac{1}{R^{\frac{2}{B}}} \right) - P_{R} \tag{7-16}$$

再将边界条件 $\sigma_{r}|_{r=b} = -P_{b}$ 代入上式

$$D = \frac{A \cdot t^C}{2B^B} \cdot \left(P_b - P_R\right)^B \frac{R^2 \cdot b^2}{\left(b^{\frac{2}{B}} - R^{\frac{2}{B}}\right)^B} \tag{7-17}$$

将上式代入式(7-16)得到

$$\sigma_r = \frac{r^{\frac{2}{B}} - R^{\frac{2}{B}}}{b^{\frac{2}{B}} - R^{\frac{2}{B}}} \cdot \left(P_b - P_R\right) \cdot \left(\frac{b}{r}\right)^{\frac{2}{B}} - P_R \tag{7-18}$$

再将式(7-18)代入式(7-12)中得到

$$\sigma_\theta = b^{\frac{2}{B}} \cdot \frac{\left[1 - \frac{B+2}{B}\left(\frac{R}{r}\right)^{\frac{2}{B}}\right]}{b^{\frac{2}{B}} - R^{\frac{2}{B}}} \cdot \left(P_b - P_R\right) - P_R \tag{7-19}$$

将式(7-17)代入式(7-7)中，得到位移分量

$$U_r = \frac{D}{r} = \frac{A \cdot t^C}{2B^B} \cdot \left(P_b - P_R\right)^B \frac{R^2 \cdot b^2}{\left(b^{\frac{2}{B}} - R^{\frac{2}{B}}\right)^B} \cdot \frac{1}{r} \tag{7-20}$$

将式(7-20)代入几何方程(7-5)中便可求得应变分量。

3. 黏弹区和黏塑区接触半径和接触应力

在黏弹区和黏塑区的接触面上由 $\sigma_r\big|_{r=R} = \sigma_r^p\big|_{r=R}$ 和 $\sigma_\theta\big|_{r=R} = \sigma_\theta^p\big|_{r=R}$ ，可得到

$$\frac{2}{\sqrt{3}}\sigma_t \cdot \ln\left(\frac{R}{a}\right) + P_a = P_R \tag{7-21}$$

$$\frac{2}{\sqrt{3}}\sigma_t = b^{\frac{2}{B}} \cdot \frac{\frac{2}{B}}{b^{\frac{2}{B}} - R^{\frac{2}{B}}} \cdot \left[P_b + \frac{2}{\sqrt{3}}\sigma_t \cdot \ln\left(\frac{R}{a}\right) + P_a\right] \tag{7-22}$$

由方程(7-22)可以求解 R，由于方程(7-22)为超越方程，在其他条件已知的情况下，可以求得 R，令 $R=a$，依据方程(7-22)可以求得冻结壁出现黏塑区的时间。

冻结法凿井工程中，一般采用短段掘砌的方法，掘进和砌外壁之间有一段时间间隔，称为空帮时间。此段时间内要由冻结壁单独承受地压，当冻结壁外载过大，冻结壁将发生塑性流动变形，黏塑性区随着时间不断扩大，同时塑性流动的过度发育造成冻结管的变形。

算例：某冻结凿井工程，冻结壁内径 $a=4.5m$，外径 $b=14.5m$，按照成冰公式计算得冻结壁平均温度–16℃，P_a 为 0，P_b 为 6MPa，A_0 为 8.1，K 为 2.2，B 为 1.57，C 为 0.3。

通过式(7-22)计算冻结壁的塑性区半径，按设计的冻结壁平均温度–16℃，则结壁的塑性区半径 R 为 6.772m($t=12h$)，P_R 为 2.77MPa；依据实测资料和数值模拟的温度场采用算术加权平均得到冻结壁的平均温度为–19℃，此时，R 为 6.715m($t=12h$)，P_R 为

2.68MPa；冻结壁的塑性区的半径会随着时间增加而不断增大。

取冻结壁的平均温度为–16℃，冻结壁的径向应力和环向应力的分布规律如图 7-2 所示，井帮蠕变曲线见图 7-3。

在黏弹性和黏塑性区冻结壁的应力分布具有明显不同的规律，径向应力在黏弹塑性区变化趋势基本相同，但是环向应力在黏弹塑性区的分界面上存在一个明显的转折点。进入黏弹性区，随着井帮距离的增大，冻结壁的环向应力与径向应力的差值越来越小，说明黏弹性区的冻结壁处于稳定状态。

图 7-3 中冻结壁的径向变形随时间的变化可以划分为两个阶段：①初期位移快速增长阶段(0~12h)，该阶段的主要特征是初期位移速度较大，但位移速度随时间的增加而降低；②后期位移稳定增长阶段，当井帮暴露时间超过 12h 后，冻结壁位移速率和总位移量快速增加并趋于稳定。冻结壁 12h 中的径向变形量接近 40mm。

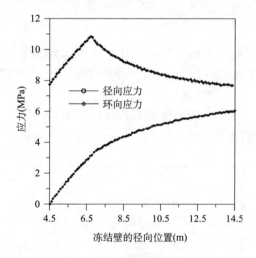

图 7-2 冻结壁的应力分布

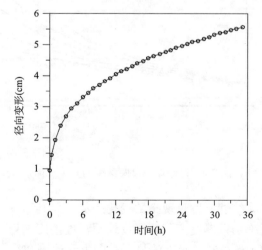

图 7-3 冻结壁径向变形随时间的关系

4. 冻结壁厚度计算

塑性区的径向变形也可以得到：$U_r^P = \dfrac{D^P}{r}$，且在弹塑性的边界上

$$U_r^P\big|_{r=R} = \frac{D^P}{r} = U_r\big|_{r=R} = \frac{D}{r}, \quad \text{即 } D^P = D \tag{7-23}$$

在整个冻结壁区域内，冻结壁的径向变形仍然采用式(7-20)。当塑性半径已知，由式(7-20)和允许的最大冻结壁的径向变形以及水平地压就可以获得冻结壁厚度计算公式

$$E_T = \frac{R}{\left\{ 1 - \left[\dfrac{\left[P_b - \dfrac{2}{\sqrt{3}} \sigma_t \cdot \ln\left(\dfrac{R}{a}\right) \right] \cdot R^2 \cdot A \cdot t^C}{2U_{max} \cdot a \cdot B^B} \right]^{\frac{B}{2}} \right\}} - a \tag{7-24}$$

式中，R 会随着水平地压和时间的变化而变化，应用比较复杂，不能独立计算，因此先假定冻结壁允许的最大变形值($t=12h$)，联立方程(7-24)和方程(7-22)，采用数值方法来求解冻结壁厚度。

取 $a=4.5m$，$t=12h$，冻土平均温度和其他参数按照上例选取，得到不同 U_{max} 条件下冻结壁厚度，如图 7-4 所示。

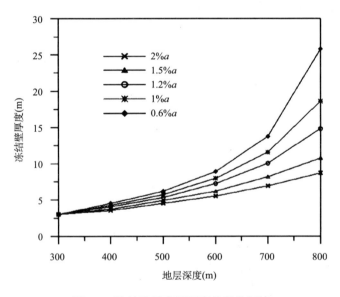

图 7-4　冻结壁厚度随深度的变化规律

随着深度的增加，冻结壁厚度呈现指数变化趋势，尤其当深度超过 500m 以后，冻结壁厚度急剧增大。而冻结壁厚度变化除了受地层深度的影响以外，冻结壁允许的最大径向位移影响也很重要，当冻结壁允许的最大径向位移达到 $2\% \times a$ 时，在 300~800m 地层范围内冻结壁厚度与地层深度层近似成线性关系。然而实际工程中冻结壁的最大径向

位移是受工程条件制约(避免因冻结壁的变形造成冻结管断裂)，不能随意放大，以 $1\% \times a$ 作为允许的最大冻结壁径向位移回归得到冻结壁厚度计算公式

$$E_{\mathrm{T}} = 1.0324 \times \mathrm{e}^{0.0035H} \tag{7-25}$$

该式是在理想情况下得到的，没有考虑井筒超挖和冻结管偏斜等因素的综合影响，实际应用中冻结壁厚度需要适当增加。增加超挖厚度 0.4m，冻结管偏斜影响按 $0.1\% \times H$ 计算，则有

$$E_{\mathrm{T}} = 1.032 \left(\frac{a}{4.5} \right)^{0.6} \times \mathrm{e}^{0.0035H} + 0.1\% \times H + 0.4 \tag{7-26}$$

图 7-5 给出了冻结壁厚度随深度的变化关系，曲线变化规律具有和图 7-4 类似的规律，考虑了超挖和冻结管偏斜等因素后，计算冻结壁厚度更可靠。

尤春安(1983)根据国内外冻土实验成果，对非均质弹性冻结壁应力的计算作了初步探讨。并用有限差分法求解冻结壁的应力，获得了冻结壁内各应力分量的分布曲线，较均质弹性假设的计算更能反映冻结壁的实际应力状态，对冻结壁非均质性的研究有参考意义。袁文伯等(1986)认为由冻结温度场所确定的冻结壁力学性质表现为显著的非均质特征。从这一力学特征出发，给出了非均质冻结壁弹性应力分布的解析，并进一步探讨了非均质冻结壁的弹塑性应力状态。结果表明，在弹性条件下进行冻结壁的设计是不合理的，只要允许冻结壁一小部分进入塑性状态，冻结壁的承载能力将大大地提高。为合理地进行冻结壁设计提供了理论依据。

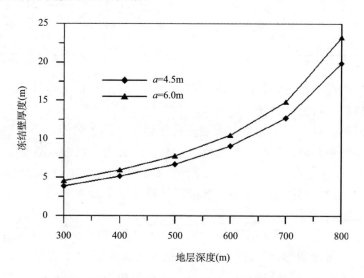

图 7-5　不同开挖荒径冻结壁厚度随深度的变化规律

7.1.2　径向分层圆筒冻结壁

上一节讨论的是将冻结壁厚度范围内冻土视为均质材料，所有材料参数均为确定值，径向应力和环向应力分布仅与力的边界条件有关。而冻结壁的径向位移与冻结壁的材料参数有紧密的联系，因此当在冻结壁厚度范围考虑材料的非线性时(冻结壁厚度范围内温

度的非均匀性),径向位移的结果差异将会很大。

深厚表土层中冻结壁厚度随着地层深度和水平地压的增大而逐渐增加,表 7-2 给出了典型冻结法凿井的冻结壁厚度与对应开挖荒径的变化,冻结壁开挖荒径随着井壁结构由单层变为双层复合井壁,增大 2m 左右(7m→9m),但是随着表土层深度增加(200m→300m→400m→大于 400m),冻结壁厚度增加了 1 倍多(4m→6m→ 10m→大于 10m),冻结壁厚度已经与开挖荒径相当,如果冻结壁仍然按照均质材料计算,计算简化造成的误差必然会增大。

表 7-2　典型冻结法凿井的冻结壁厚度与对应开挖荒径演变

序号	井筒名称	荒径(m)	净直径(m)	冻结壁厚度(m)	冻结深度(m)	备注
1	荆各庄副井	8.5	6.5	3.4	162/157	1958
2	朱仙庄主井	7.7	5.5	3.7	284/256	1975
3	朱仙庄副井	8.9	6.5	4.67	284/257	1975
4	龙东主井	7	5	3.7	270/224	1980
5	龙东副井	8.5	6.5	4.05	275/224	1880
6	陈四楼副井	8.4	6.5	6.3	435/374.5	1989
7	元氏煤矿主井	7.2	5	4.3	375/321.2	1992
8	元氏煤矿副井	8.8	6	5.8	410/360.7	1992
9	梁宝寺煤矿副井	8.6	6.5	6.1/6.7	461/380	2001
10	梁宝寺煤矿风井	7	5	4.8/5.7	461/390	2001
11	赵楼矿副井	9.2	7.2	6.5/9.5	530/475	2006
12	龙固煤矿新副井	9	7	7.8/11	650/580	2006

考虑冻结壁的径向不均匀性,将冻结壁划分为厚度相等的 n 个筒体,在每一层筒体内认为冻土材料是均质的,如图 7-6 所示。

之前讨论问题的难点在于黏弹区和黏塑区接触半径的求解上,在分层的基础上,我们假设每层的厚度足够薄,当某一层达到塑性后,该层所有点进入塑性(这需要建立在 n 足够大的基础上),首先假设第 j 层进入塑性,利用方程(7-22)可以求解进入塑性区域的径向应力和环向应力,对于剩下的 $n-j$ 层按照黏弹性厚壁筒考虑。

将其中的第 $i(i>j)$ 和 $i+1$ 层作为研究对象,属于上节讨论的受内外压力的厚壁筒问题。按照图 7-6 中的假设可知:第 i 层的内、外压分别为 P_{i-1} 和 P_i;内外半径分别为 r_{i-1} 和 r_i;第 $i+1$ 层的内、外压分别为 P_i 和 P_{i+1};内外半径分别为 r_i 和 r_{i+1}。

依据上节所求的径向位移的结果可以写出第 i 层和第 $i+1$ 层径向位移,见下式:

$$U_{r_i} = \frac{A_i \cdot t^C}{2B^B} \cdot \left(P_i - P_{i-1}\right)^B \cdot \frac{r_{i-1}^2 \cdot r_i^2}{\left(r_i^{\frac{2}{B}} - r_{i-1}^{\frac{2}{B}}\right)^B} \cdot \frac{1}{r} \tag{7-27}$$

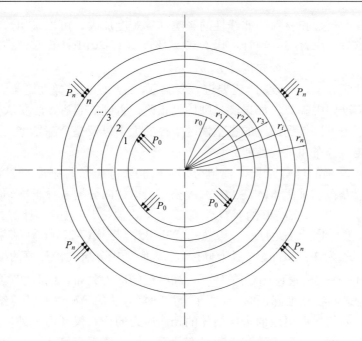

图 7-6　径向分层冻结壁计算模型

$$U_{r_{i+1}} = \frac{A_{i+1} \cdot t^C}{2B^B} \cdot \left(P_{i+1} - P_i\right)^B \cdot \frac{r_{i+1}{}^2 \cdot r_i{}^2}{\left(r_{i+1}{}^{\frac{2}{B}} - r_i{}^{\frac{2}{B}}\right)^B} \cdot \frac{1}{r} \tag{7-28}$$

在第 i 层和第 $i+1$ 层的界面上径向位移满足连续条件

$$U_{r_i}\big|_{r=r_i} = U_{r_{i+1}}\big|_{r=r_i} \tag{7-29}$$

$$\frac{A_i \cdot t^C}{2B^B} \cdot \left(P_i - P_{i-1}\right)^B \frac{r_{i-1}{}^2 \cdot r_i{}^2}{\left(r_i{}^{\frac{2}{B}} - r_{i-1}{}^{\frac{2}{B}}\right)^B} \cdot \frac{1}{r_i} = \frac{A_{i+1} \cdot t^C}{2B^B} \cdot \left(P_{i+1} - P_i\right)^B \frac{r_{i+1}{}^2 \cdot r_i{}^2}{\left(r_{i+1}{}^{\frac{2}{B}} - r_i{}^{\frac{2}{B}}\right)^B} \cdot \frac{1}{r_i} \tag{7-30}$$

化简得

$$\frac{A_i}{A_{i+1}} \cdot \left(\frac{r_{i+1}{}^{\frac{2}{B}} - r_i{}^{\frac{2}{B}}}{r_i{}^{\frac{2}{B}} - r_{i-1}{}^{\frac{2}{B}}}\right)^B \frac{r_{i-1}{}^2}{r_{i+1}{}^2} = \left(\frac{P_{i+1} - P_i}{P_i - P_{i-1}}\right)^B \tag{7-31}$$

令 $\left[\dfrac{A_i}{A_{i+1}} \cdot \left(\dfrac{r_{i+1}{}^{\frac{2}{B}} - r_i{}^{\frac{2}{B}}}{r_i{}^{\frac{2}{B}} - r_{i-1}{}^{\frac{2}{B}}}\right)^B \dfrac{r_{i-1}{}^2}{r_{i+1}{}^2}\right]^{\frac{1}{B}} = T_i$，再化简得

$$-T_i \cdot P_{i-1} + (1+T_i) \cdot P_i - P_{i+1} = 0 \tag{7-32}$$

　　求出各层界面之间的径向应力值，即回归到 7.1.1 节讨论的受内外压的厚壁筒问题。当分层数和材料的参数确定后，T_i 就可以确定，方程(7-32)转化为 n–j–1 次的线性方

程组，随着划分的层数和材料的非线性的影响计算难度加大，可以采用数值方法获得黏弹性区分层任意界面上 P_i 的准确解，代入式(7-18)～式(7-20)中计算黏弹性区所有层间界面的径向应力、环向应力和径向位移分布。

由于黏塑性区大小是假设的，需要进一步验证，将求解的黏弹性区第一层(即 $j+1$ 层)的解代入 Mises 准则中验算，如果满足则假设正确，否则需要进一步扩大黏塑性区的半径，依次循环下去可以得到最终的黏塑性区半径的大小以及整个冻结壁的考虑非均匀温度场条件下的应力分布和承载性能。

为了获得较准确的计算结果，模拟分层 $n=100$。冻土长时强度可以通过式(7-2)和表 7-1 线性插值获得。采用 MATLAB 编程获得考虑径向分层条件下冻结壁的塑性区、冻结壁的应力分布以及冻结壁的径向位移等。平均温度场(−16℃)计算的塑性半径为 6.5m($t=$12h)；接触面上径向应力 P_R 为 2.83MPa；与式(7-22)计算结果比较：R 为 6.772m($t=$12h)；P_R 为 2.77MPa。二者十分接近，说明采用分层理论计算的结果是可靠的。

图 7-7 给出了平均温度(−16℃)条件下，冻结壁的应力分布，同时和理论结果进行比较(图 7-2)，两者之间吻合很好，再次证明了分层计算方法的正确性和计算结果的可靠性；同时说明完全相同的材料组成的多层筒体的径向应力的分布仅和内、外半径和所施加的荷载的大小有关，而与分层方法和层数没有关系。即多层组合筒体，其塑性极限荷载仅与内外半径的比值有关，而与分层方法和层数没有关系。

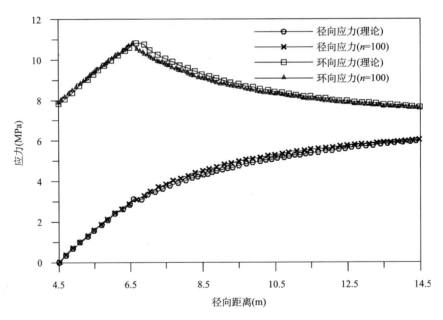

图 7-7　均匀温度场冻结壁的径向应力分布

非均匀温度场计算的塑性半径为 5.9m($t=$12h)，接触面上径向应力 P_R 为 1.56MPa。材料的力学性质随着温度变化，而温度沿径向又是非均匀分布，因此冻结壁环向应力沿着径向出现多个转折点。非均匀温度场情况下，冻结壁内外侧的冻土的强度较平均温度高，因此材料相对较弱，在相同应力条件下，冻结壁变形大(弹性变形占主要地位，塑性变形较小); 随着内侧首先进入塑性, 冻结壁在短时间完成了主要的弹性变形, 在塑性区和弹性应力重分布后, 弹性区的内半径变大, 使得弹性区内的应力水平降低。因此, 考虑径向非均质条件下, 冻结壁的塑性半径较平均温度–16℃计算结果小。

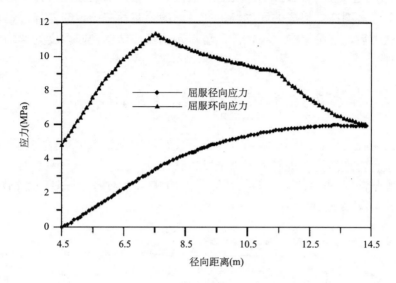

图 7-8   非均匀温度场冻结壁径向应力分布

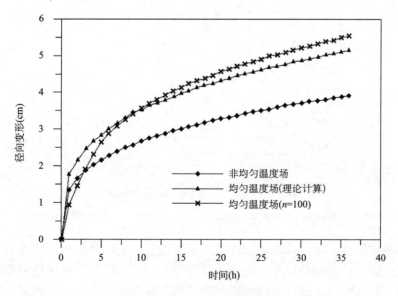

图 7-9   冻结壁径向变形随时间变化的关系

因此, 考虑径向分层条件下, 可以更加充分地发挥冻结壁的承载潜能, 图 7-9 中冻结壁井帮径向变形随时间的变化较平均温度的计算结果小 25%~30%。因此, 图 7-4 中的冻结壁允许最大径向位移可以取到 $1.2\% \times a$, 可以适当减小冻结壁的厚度。式(7-25)和式(7-26)可以进行适当修正:

$$E_T = 1.1675 \times \left(\frac{a}{4.5}\right)^{0.6} \times e^{0.0031H} + 0.1\% \times H + 0.4 \tag{7-33}$$

公式(7-33)修正是建立在外圈为主冻结、内圈和中圈为辅助冻结条件下形成的温度场基础上。目前，多圈冻结形成的温度场，在径向的分布存在一定的差异，但是当温度场进入拟稳定状态后，这种差异很小，因此可以预测当冻结壁径向温度为非均匀性时都存在着类似的规律。

7.2　有限段高冻结壁力学模型

影响冻结壁径向位移的因素多而且复杂，使得精确理论求解难以实现，本节在现场实测基础上进行合理简化，进而求得冻结壁位移理论解。

现场实测只能测到冻结壁暴露后位移(图 7-10 中 u_2)，对未开挖时的超前位移 u_0 及支护后的位移 u_3 都难以测到。

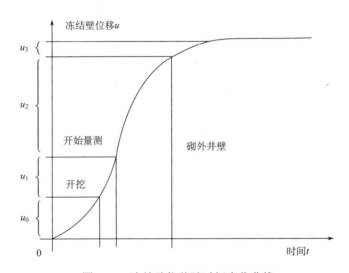

图 7-10　冻结壁位移随时间变化曲线

u_0 为超前位移；u_1 为暴露后开测前的位移；u_2 为实测的位移；u_3 为砌外壁后的位移

目前量测冻结壁位移多采用收敛计法，即用收敛计量测井筒直径的收缩量，四个测点对称布置。测冻结壁或外层井壁砌块的位移分两步，首先用收敛计量测井壁的相对位移(图 7-11)，并通过三角运算近似求出井壁上各个测点的绝对位移；再用吊线垂球钢尺法量测冻结壁或砌块相对于井壁的位移。井壁绝对位移与冻结壁或砌块对井壁的相对位移之和即为冻结壁或砌块的绝对位移。

图 7-12 和图 7-13 分别给出了典型实测结果(马英明和郭瑞平，1989；李功洲，1995)。冻结壁总位移靠上部 1/3 处为最大值(图 7-12)，其沿深度的分布规律与量测开始的时间有关。但若在相同时间内，冻结壁的位移(或位移速度)沿段高在距上部 2/3 位置达到最大值(图 7-13)。

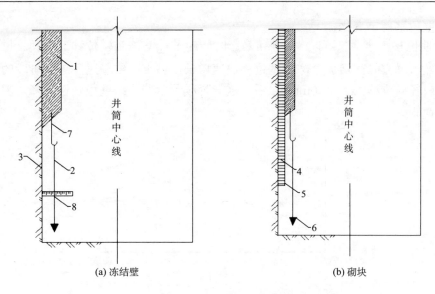

图 7-11　冻结壁及砌块与外井壁相对位移测量图

1. 混凝土外井壁；2. 量测所用挂线；3. 冻结壁位移的测点小钉；4. 预制砌块外井壁；5. 测砌块位移的测点标记；6. 垂球；

7. 钢筋；8. 钢尺

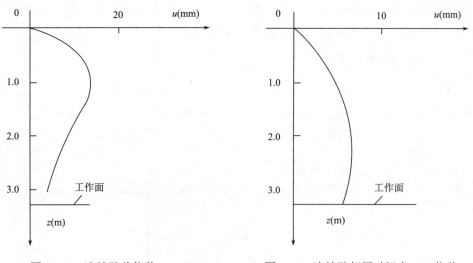

图 7-12　冻结壁总位移　　　　　　　　图 7-13　冻结壁相同时间内(12h)位移

　　深部冻结黏土的蠕变特性显著，冻结壁径向位移特性属于敞开型。位移随着井帮暴露时间可以划分为三个阶段(图 7-14)：初期位移快速增长阶段、位移稳定增长阶段和后期位移快速增长阶段。

　　(1)初期位移快速增长阶段，在$(0，t_{u1})$区间，用 OA 段曲线表示，该阶段的主要特征是初期位移速度较大，但位移速度随时间的增长而减小，平均持续时间 t_{u1}：黏土为 12h，砂质黏土及生灰岩为 24h。

　　(2)位移稳定增长阶段，在$(t_{u1}，t_{u2})$区间，用 AB 段曲线表示，这一阶段的特征是位移速率变化不大，近似为常量，随着井帮暴露时间的延长位移变化速率减弱，在地压作用下冻结壁位移稳定变化。

(3)后期位移快速增长阶段，当井帮暴露时间超过 t_{u2}，冻结壁位移速率和总位移快速增加，即随着暴露时间增加，冻结壁位移快速增长，黏土冻结壁进入这一阶段的时间约在 36h，或径向位移大于≥50mm 以后，这一阶段预示着冻结壁稳定性下降，需要立即采取安全措施。

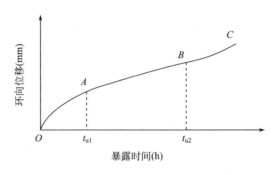

图 7-14　冻结壁径向位移随暴露时间的变化关系

应当指出，冻结壁径向位移与井帮暴露时间相互关系与土质、井帮状况、土层埋深及掘砌工艺等有关。如掘砌速度快、井帮暴露时间短及冻土强度高，就有可能把冻结壁的径向位移控制在"初期位移快速增长到位移稳定增长阶段"。

7.2.1　冻结壁径向位移的力学模型

深厚表土层冻结壁计算，可以归结为承受水平地压 P_0 和竖向压力 P_1，掘进段高 h_d 内不同固定程度，求解有限段高的非均质空间轴对称黏弹塑性问题。要求得该问题的严密解是非常困难的，几乎不可能。为求解这一问题，在实测的基础上，进行必要的简化(图 7-15)。基本假设如下：

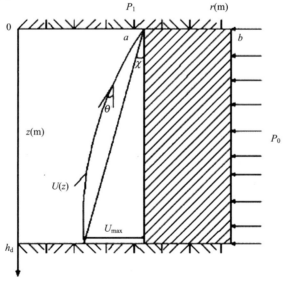

图 7-15　有限段高冻结壁蠕变计算模型

(1) 冻结壁温度场为稳定温度场，且沿段高无变化，并以平均温度综合计算；

(2) 冻结壁为各向同性材料，且冻土的体积不变，即 $\varepsilon_r + \varepsilon_\theta + \varepsilon_z = 0$；

(3) 纵向受约束($\varepsilon_z = 0$)，将上下端视为不同固定程度处理；

(4) 根据实测结果(图 7-13)，可以将冻结壁径向位移沿段高的分布用二次函数近似拟合，且认为永久井壁端位移为 0；

(5) 冻结壁两端面无弯曲变形，即 $\dfrac{\partial U_z}{\partial r} = 0$；

(6) 假定工作面端的冻结壁固定不好，最大位移发生在该处，使用公式时再引入"相当段高"的概念；

(7) 最大位移处，位移曲线的切线与 Oz 轴平行，即 $\dfrac{\partial U_r}{\partial z}\Big|_{z=h_d} = 0$；

(8) 冻结壁为一次暴露，即不考虑掘进速度影响；

(9) 考虑掘进速度不为 0 时，采用分段常段高叠加法求总位移。

7.2.2 基本方程

(1)平衡微分方程(不考虑自重)

$$\begin{cases} \dfrac{\partial \sigma_r}{\partial r} + \dfrac{\partial \sigma_{rz}}{\partial z} + \dfrac{\sigma_r - \sigma_\theta}{r} = 0 \\[3mm] \dfrac{\partial \sigma_{rz}}{\partial r} + \dfrac{\partial \sigma_z}{\partial z} + \dfrac{\sigma_{rz}}{r} = 0 \end{cases} \tag{7-34}$$

(2)几何方程

$$\begin{cases} \varepsilon_r = \dfrac{\partial U_r}{\partial r}; \varepsilon_\theta = \dfrac{U_r}{r} \\[3mm] \varepsilon_z = \dfrac{\partial U_z}{\partial z}; \varepsilon_{rz} = \dfrac{\partial U_r}{\partial z} + \dfrac{\partial U_z}{\partial r} \end{cases} \tag{7-35}$$

(3)本构方程，复杂应力状态下冻土本构方程为

$$\gamma_1 = A \cdot t^C \cdot \tau_1^B \tag{7-36}$$

$$\begin{cases} \varepsilon_r = K \cdot (\sigma_t - \sigma_m) + K_1 \sigma_m \\ \varepsilon_\theta = K \cdot (\sigma_\theta - \sigma_m) + K_1 \sigma_m \\ \varepsilon_z = K \cdot (\sigma_z - \sigma_m) + K_1 \sigma_m \\ \varepsilon_{rz} = 3K \cdot \sigma_{rz} \end{cases} \tag{7-37}$$

式中，$K = \dfrac{\varepsilon_2'}{\sigma_2'} = \dfrac{\gamma_1}{\sqrt{3}} \cdot \dfrac{1}{\tau_1 \sqrt{3}} = \left[A \cdot t^C \right]^{1/B} \cdot \dfrac{\gamma_1^{1-\frac{1}{B}}}{3}$；$K_1 = \dfrac{\varepsilon_m}{\sigma_m}$；$\varepsilon_2'$ 为应变偏量第二不变量；σ_2' 为应力偏量第二不变量；ε_m 为体积应变；σ_m 为平均主应力。

(4)边界条件

$$\begin{cases} \sigma_r \big|_{r=a} = 0 \\ U_r \big|_{z=0} = 0 \end{cases} ; \qquad \begin{cases} \sigma_r \big|_{r=b} = P_0 \\ U_r \big|_{\substack{r=a \\ z=h_d}} = U_{max} \end{cases} \tag{7-38}$$

7.2.3 求解

仅考虑端面情况，由假设(5)及几何方程(7-35)有 $\varepsilon_{rz} = \dfrac{\partial U_r}{\partial z}$，可见两端面剪应力 ε_{rz} 仅取决于径向位移曲线，由假设(4)有

$$U_r = (a_0 + a_1 \cdot z + a_2 \cdot z^2) \cdot f(r) \tag{7-39}$$

式中，U_r 为冻结壁某点的径向位移；$f(r)$ 为径向位移，是径向坐标的函数；a_0，a_1，a_2 为系数，随时间变化。

由边界条件及假设(6)和(7)得

$$U_r = \left(\frac{2U_{max}}{h_d} \cdot z - \frac{U_{max}}{h_d{}^2} \cdot z^2 \right) \cdot f(r) \tag{7-40}$$

根据体积不变及 $\varepsilon_z = 0$，有 $\varepsilon_r = -\varepsilon_\theta$，考虑几何方程，得

$$\varepsilon_r = \frac{\partial U_r}{\partial r} = -\frac{U_r}{r} \tag{7-41}$$

联系边界条件 $U_r \big|_{\substack{r=a \\ z=h_d}} = U_{max}$，解以上微分方程，得

$$U_r = \left(\frac{2U_{max}}{h_d} \cdot z - \frac{U_{max}}{h_d{}^2} \cdot z^2 \right) \cdot \frac{a}{r} \tag{7-42}$$

根据维亚洛夫假定：切向应力 σ_{rz} 沿段高成线性分布，且

$$\sigma_{rz} = \left(\frac{1}{A \cdot t^C} \right)^{1/B} \cdot F(r) \cdot \frac{\left| (1-\xi_m) \cdot h_d - z \right|}{(1-\xi_m) \cdot h_d} \tag{7-43}$$

式中，$F(r)$ 为切向应力，是坐标 r 的函数。

而

$$\tau_1 = \sqrt{\frac{1}{6}(\sigma_r - \sigma_\theta)^2 + \frac{1}{6}(\sigma_\theta - \sigma_z)^2 + \frac{1}{6}(\sigma_z - \sigma_r)^2}$$

$$\gamma_1 = \sqrt{\frac{2}{3}(\varepsilon_r - \varepsilon_\theta)^2 + \frac{2}{3}(\varepsilon_\theta - \varepsilon_z)^2 + \frac{2}{3}(\varepsilon_z - \varepsilon_r)^2}$$

将 $\sigma_z = \dfrac{1}{2}(\sigma_r + \sigma_\theta)$，$\varepsilon_z = 0$，$\varepsilon_r = -\varepsilon_\theta$ 代入以上两式，得

$$\tau_1 = \sqrt{\frac{1}{4}(\sigma_r - \sigma_\theta)^2 + \sigma_{rz}^2} \tag{7-44}$$

$$\gamma_1 = \sqrt{4\varepsilon_r{}^2 + \varepsilon_{rz}{}^2} \tag{7-45}$$

下面分别讨论两端面工作情况：

(1) $z = 0$ 端

由冻土本构方程(7-36)及式(7-43)得

$$\sigma_\theta - \sigma_r = \frac{2}{\left[A \cdot t^C\right]^{\frac{1}{B}}} \cdot \sqrt{\gamma_1^{\frac{2}{B}} - F^2(r)} \tag{7-46}$$

因 $\sigma_\theta > \sigma_r$，故这里根号式取正。将式(7-44)和式(7-46)代入平衡微分方程第一式，并考虑到 $\sigma_r \big|_{\substack{r=a \\ z=0}} = 0$，求出该端面应力为

$$\left. \begin{array}{c} \sigma_r \\ \sigma_z \\ \sigma_\theta \end{array} \right\} = \frac{2}{\left[A \cdot t^C\right]^{\frac{1}{B}}} \cdot \left[\int_a^r \frac{\sqrt{\gamma_1^{\frac{2}{B}} - F^2(r)}}{r} \mathrm{d}r + \frac{\int_a^r F(r) \cdot \mathrm{d}r}{2h_d \cdot (1 - \xi_m)} + K' \cdot \sqrt{\gamma_1^{\frac{2}{B}} - F^2(r)} \right] \tag{7-47}$$

式中，K' 分别为 0, 0.5, 1。

由 $\varepsilon_{rz} = 3K \cdot \sigma_{rz} = \left[A \cdot t^C\right]^{\frac{1}{B}} \cdot \gamma_1^{1-\frac{1}{B}} \cdot \sigma_{rz}$ 及式(7-43) $\sigma_{rz} = \left[\frac{1}{A \cdot t^C}\right]^{\frac{1}{B}}$ 得

$$\varepsilon_{rz} = F(r) \cdot \gamma_1^{1-\frac{1}{B}} \tag{7-48}$$

考虑式(7-47)

$$F(r) = \frac{\varepsilon_{rz}}{\gamma_1^{1-\frac{1}{B}}} = \frac{\varepsilon_{rz}}{\left(4\varepsilon_r^2 + \varepsilon_{rz}^2\right)^{\frac{B-1}{2B}}} \tag{7-49}$$

将 $\begin{cases} \varepsilon_r \big|_{z=0} = \dfrac{\partial U_r}{\partial r} \big|_{z=0} = 0 \\ \varepsilon_{rz} \big|_{z=0} = \dfrac{\partial U_r}{\partial z} \big|_{z=0} = \dfrac{2a \cdot U_{max}}{r \cdot h_d} \end{cases}$ 代入上式及式(7-45)，得

$$\begin{cases} F(r) = \left[\dfrac{2a \cdot U_{max}}{r \cdot h_d}\right]^{\frac{1}{B}} \\ r_1 = \varepsilon_{rz} = \dfrac{2a \cdot U_{max}}{r \cdot h_d} \end{cases} \tag{7-50}$$

将式(7-50)代入式(7-47)得 $z = 0$ 端径向应力

$$\sigma_r = \frac{1}{\left[A \cdot t^C\right]^{\frac{1}{B}}} \cdot \frac{\int_a^r \left[\dfrac{2a \cdot U_{max}}{r \cdot h_d}\right]^{\frac{1}{B}}}{(1 - \xi_m) \cdot h_d} \tag{7-51}$$

(2) $z = h_d$ 端

由冻土本构方程(7-36)及式(7-43)和式(7-44)得

$$\sigma_1 - \sigma_r = \frac{1}{\left[A \cdot t^C\right]^{\frac{1}{B}}} \cdot \sqrt{\gamma_1^{\frac{2}{B}} - \left(\frac{\xi_m}{1-\xi_m}\right)^2 \cdot F^2(r)} \tag{7-52}$$

将式(7-43)及式(7-52)代入平衡微分方程，得

$$\left.\begin{array}{c}\sigma_r \\ \sigma_z \\ \sigma_\theta\end{array}\right\} = \frac{2}{\left[A \cdot t^C\right]^{\frac{1}{B}}} \cdot \left[\int_a^r \frac{\sqrt{\gamma_1^{\frac{2}{B}} - \frac{\xi_m}{1-\xi_m} \cdot F^2(r)}}{r} \mathrm{d}r + \frac{\int_a^r F^2(r) \cdot \mathrm{d}r}{2h_d \cdot (1-\xi_m)} + K' \cdot \sqrt{\gamma_1^{\frac{2}{B}} - \left(\frac{\xi_m}{1-\xi_m}\right)^2 \cdot F^2(r)}\right] \tag{7-53}$$

式中，K'分别为 0,0.5,1。

将 $\left\{\begin{array}{l}\varepsilon_{rz}\mid_{z=h_d} = \dfrac{\partial U_z}{\partial z}\mid_{z=h_d} = 0 \\ \varepsilon_z\mid_{z=h_d} = \dfrac{\partial U_r}{\partial z}\mid_{z=h_d} = \dfrac{a \cdot U_{max}}{r^2}\end{array}\right.$ 代入式(7-45)和式(7-49)，得 $\left\{\begin{array}{l}F(r) = 0 \\ r_1 = \dfrac{2a \cdot U_{max}}{r^2}\end{array}\right.$，并将其代

入式(7-47)，并考虑到 $\sigma_r\mid_{r=a} = 0$，有

$$\sigma_r = \frac{1}{\left[A \cdot t^C\right]^{\frac{1}{B}}} \cdot \int_a^r \frac{\left[2a \cdot U_{max}\right]^{\frac{1}{B}}}{\gamma^{\frac{2}{B}+1}} \mathrm{d}r \tag{7-54}$$

7.2.4 最大径向位移

联系边界条件 $\sigma_r\mid_{r=b} = P_0$，对式(7-51)、式(7-54)求积分并整理

$$U_{max} = \frac{A \cdot a}{2} \cdot \left\{\frac{P_0}{\left[1 - \left(\dfrac{a}{b}\right)^{\frac{2}{B}}\right] \cdot B}\right\}^B \cdot t^C \tag{7-55}$$

$$U_{max} = \frac{A}{2} \cdot \left\{\frac{(B-1) \cdot (1-\xi_m) \cdot P_0}{\left[\left(\dfrac{b}{a}\right)^{\frac{B-1}{B}} - 1\right] \cdot B \cdot a}\right\}^B \cdot h_d^{B+1} \cdot t^C \tag{7-56}$$

式(7-55)求得的 U_{max} 解与 h_d 无关，显然非所求解。因此，只有公式(7-56)作为上述讨论问题的解。

由式(7-57)可以得到冻结壁厚度

$$\frac{b}{a} = \left\{ \frac{(B-1)\cdot(1-\xi_{\mathrm{m}})\cdot P_0}{\left[\dfrac{2U_{\max}}{A\cdot h_{\mathrm{d}}^{\,B+1}\cdot t^C}\right]^{\frac{1}{B}}\cdot B\cdot a} + 1 \right\}^{\frac{B}{B-1}} \tag{7-57}$$

该公式较式(7-33)复杂，虽然可以考虑段高的影响，但是没有考虑到温度场非均匀性的影响。

代入 7.1 节相同的参数可以得到冻结壁厚度和地层深度的关系，见图 7-16，图中井帮暴露时间 12h。

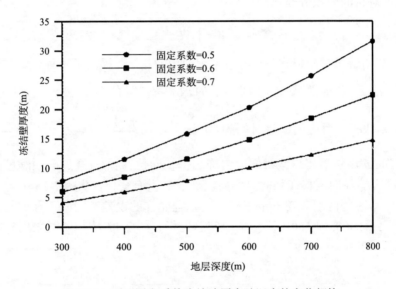

图 7-16　不同固定系数冻结壁厚度随深度的变化规律

由图 7-16 可以看出固定系数对于冻结壁厚度的影响十分显著，下节将特别讨论。

7.2.5　相当段高

由于公式(7-56)是在假设工作面端固定不好，工作面端冻结壁位移为最大值的条件下求得，而实际工程中冻结壁最大位移出现在距离永久井壁刃脚 $\bar{h}$ 处，因此实际工程中应以 $\bar{h}$ 代替公式中的暴露段高 h_{d}，并称 $\bar{h}$ 为"相当段高"。其值可以通过工作面端冻结壁固定程度差异系数 ξ_{m}^1 确定，$\bar{h}=(1-\xi_{\mathrm{m}}^1)\cdot h_{\mathrm{d}}$。$\xi_{\mathrm{m}}^1$ 取值通过试验或者现场测试资料确定，若考虑段高为逐渐暴露，ξ_{m}^1 一般可取 0.6~0.7。

7.2.6　分段常段高叠加法

实际工程中冻结壁的掘进速度不可能为 0，采用式(7-56)计算的结果也和实际的监测的冻结壁径向总位移沿段高的分布不相符，见图 7-13。因此，有必要考虑掘进速度的影响。

假设 t 时刻段高为 $h_d = h_d(t)$，在 Δt 时间内冻结壁的径向位移可以用公式(7-56)求得(Δu，此时将段高视为不变)

$$\Delta u = \left\{ \frac{2z}{h_d(t)} - \frac{z^2}{[h_d(t)]^2} \right\} \cdot \frac{A_0}{(|T|+1)^K} \cdot \left\{ \frac{(B-1) \cdot (1-\xi_m) \cdot P_0}{\left[\left(\frac{b}{a} \right)^{\frac{B-1}{B}} - 1 \right] \cdot B \cdot a} \right\} \cdot [h_d(t)]^{B+1} \cdot (\Delta t)^C \quad (7\text{-}58)$$

假设在冻结壁的暴露时间内的掘进速度是匀速的，那么实际掘进过程中冻结壁径向位移可以通过对时间的积分获得

$$u = \int_0^t du \quad (7\text{-}59)$$

公式(7-59)的解析解难以求得，考虑工程应用的精度，提出了一种近似方法——分段常段高叠加法。即将总掘进时间为 t 的段高 h_d 划分为 n 份，分别是 $\frac{1}{n}h_d, \frac{2}{n}h_d$，$\frac{3}{n}h_d, \cdots, \frac{n-1}{n}h_d$ 和 h_d，对应的掘进时间为 $\frac{1}{n}t, \frac{2}{n}t, \frac{3}{n}t, \cdots, \frac{n-1}{n}t$ 和 t，那么在 $\left(\frac{i-1}{n}t, \frac{i}{n}t \right)$ 时间间隔内位移为 Δu，然后将这些时间段内冻结壁径向位移叠加(叠加必须满足以下前提条件：暴露段高内的径向位移在相同时间内沿着段高没有变化，从图7-16中可以看出这样的前提，在空帮段的两端存在一定差异，在工程允许的误差范围内，叠加的结果是相对准确的)，即可得到($0,t$)时间内冻结壁径向总位移。图7-17是 $n=4$ 时采用分段常段高叠加法示意图。

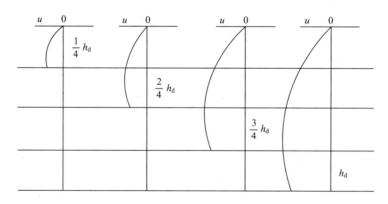

图7-17　分段常段高叠加法示意

7.2.7　公式讨论

某矿黏土层的主要技术参数包括：开挖荒径 9m，冻结壁厚度 10m，水平地压系数取 0.013，冻结壁平均温度–16℃。三圈冻结管圈径依次为 14.5m、17.6m 和 22.5m。掘进段高取 3m，冻结壁暴露时间 12h，冻土蠕变参数见表7-3。

表 7-3　蠕变参数

密度(g/cm³)	含水量(%)	A_0	B	C	K	$T(℃)$	ξ_m^1	$[U_{max}]$
2.00	18	8.1	1.57	0.30	2.2	−16	0.7	50mm

将上述参数代入式(7-56)，可以得到冻结壁(深度 360m)的径向最大位移 U_{max}。U_{max} = 23.26mm<$[U_{max}]$ = 50.00mm，冻结壁处于安全状态。冻结壁能够承受的最大水平地压为： P_0 =4.8MPa，相当于 485m 深度的水平地压(水平土压力系数取 0.013)。说明该冻结壁的设计方案最大适用深度小于 500m。

将三圈冻结管的圈径代入公式(7-56)中，取 $z = 0.7h_d$，得到三圈冻结管的最大径向位移分别为：4.0mm、3.3mm 和 2.6mm；按照黏土层 20m 计算，最大冻结管相对挠度 f=4.0mm/20 000mm=0.0002，远远小于冻结管允许的$[f]$为 0.01～0.02。说明三圈冻结管都是安全的。

表 7-4　冻结壁实测和理论计算结果

深度(m)	暴露时间(h)	最大径向位移(mm)		径向变形平均速率(mm/h)	
		实测	计算	实测	计算
294	7	11.5	12.62	1.64	1.10
325	10.5	20.8	17.14	1.98	0.82
346	11	28.0	26.20*	2.55	0.94*
350	12	20.7	21.62	1.73	1.04
357	10	20.8	21.55	2.08	1.04
360	8	20.5	20.59	2.56	1.00

注：*表示计算时 ξ_m^1 取 1。

由表 7-4 可以得出，计算结果一般比实测的结果偏小，说明用公式(7-56)计算的结果偏于安全。

下面来讨论公式中的各个参数的影响，当讨论某一影响因素时，其他因素为定值，暴露时间取 12h。

首先研究冻结壁径向位移随暴露时间的变化关系。图 7-18 可以看出：深部冻结黏土的"结构弱化"(损伤)占主导优势，冻土的应变不断发展，内部损伤不断积累，并以破坏而告终，呈现典型非衰减型特性。说明选择合理的施工工艺加快施工工期对于冻结法凿井的冻结壁和井壁的安全都是十分重要的。建议冻结壁暴露时间不超过 12h，当暴露时间超过 12h 时，需要加强冻结壁的径向变形观测频率，并制定应急措施，最长暴露时间不能超过 36h。

图 7-19 表示冻结壁径向位移随平均温度变化(暴露时间 12h)，表明冻结壁径向位移随着冻结壁平均温度的变化急剧变化。当冻结壁平均温度为−10℃时，冻结壁的 12h 蠕变已经接近冻结壁最大允许的变形量$[U_{max}]$为 50mm，这就要求冻结壁的暴露时间严格限制小于 12h，需要合理安排施工工艺流程；然而冻结壁的平均温度也不是越低越好，当冻

结壁的平均温度低于–20℃，冻结壁的径向变形的规律差别不大，因此，采用低于–20℃的冻结壁平均温度是没有必要的，在经济上也不合理；同时过低的平均温度会将井心冻实，增加施工的难度。因此建议冻结壁的平均温度为–18～–12℃。

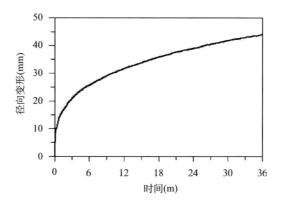

图 7-18　冻结壁径向变形随时间变化

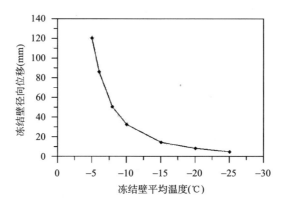

图 7-19　冻结壁径向位移随平均温度变化

冻结壁径向位移随段高的增加呈现指数增长，当段高达到 6m 以上，在 12h 以内的冻结壁径向蠕变超过冻结壁最大允许的变形量[U_{max}]为 50mm，这在工程中是十分危险的。目前的工程时间中采用的段高为 2～6m，也正是图 7-20 中指出的合适冻结壁空帮高度，当然随着空帮高度的减小，冻结壁径向位移也显著衰减，但是，要考虑到掘砌工序转换效率的综合因素来确定冻结壁的段高，如果工艺设计合理、配合得当，在减少井帮暴露时间的前提下，可以适当采取较大的段高。

随着表土层深度的增加冻结壁的设计需要不断加强，降低冻结壁平均温度、增加冻结壁厚度、减小段高等来保证冻结壁在施工过程中的安全。随着深度的增加，冻结法凿井的成本也会急剧增加，必须通过合理协调各个因素之间的关系获得最优方案。图 7-21表明该冻结壁的设计方案仅适用于表土层 400m 以内的冻结壁的施工。

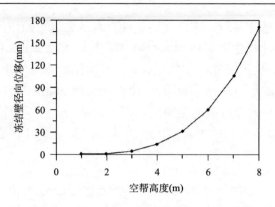

图 7-20　冻结壁径向位移随空帮高度变化

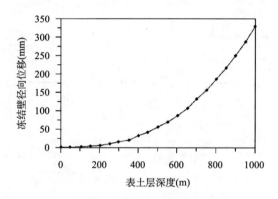

图 7-21　冻结壁径向位移随地层深度变化

当开挖荒径缩小时，冻结壁的径向位移急剧增大(图 7-22)，尤其当荒径小于 4m(半径小于 2m)时，冻结壁的径向位移急剧增大，当开挖荒径大于 8m 时，冻结壁的径向蠕变，不会随着冻结壁的开挖荒径增大而显著变化，而工程实际中的开挖荒径一般在 8～12m，因此，实际中不同的开挖荒径对于冻结壁径向位移的影响可以忽略不计。

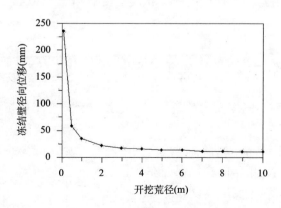

图 7-22　径向位移随开挖荒径变化

图 7-23 说明冻结壁厚度对于冻结壁稳定性有着至关重要的作用，当冻结壁的厚度小于 5m，冻结壁径向蠕变在 12h 以内超过冻结壁最大允许的变形量 $[U_{max}]$ 为 50mm，不能保证工程的安全，但是也不是冻结壁越厚越好。当冻结壁厚度大于 10m 以后，冻结壁的径向位移差异就不是很明显(冻结壁厚度从 10m 增加到 20m，冻结壁的径向位移 12h 减小 10.86mm)，这从工程的经济和安全角度也是不合理的。可以通过调整冻结方案，如适当降低冻结壁有效厚度范围内的平均温度来弥补冻结壁厚度的不足，建议冻结壁厚度在 8～12m。

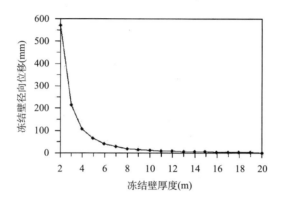

图 7-23　径向位移随冻结壁厚度变化

7.3　小　　结

本章主要以黏弹塑性理论为基础，将冻结壁简化为轴对称平面问题，研究了其应力分布以及径向变形规律，同时提出了冻结壁厚度设计简化公式。

考虑冻结壁径向温度的非均匀性提出了"径向分层的理论模型"，通过该模型可以避免因为"冻结壁平均温度"选取不当引起的误差，通过实例分析当考虑径向分层时冻结壁的径向位移比目前基于平均温度的计算模型要小 20%～30%，据此提出了修正的冻结壁厚度计算公式：

$$E_{\mathrm{T}} = 1.1675 \times \left(\frac{a}{4.5} \right)^{0.6} \times \mathrm{e}^{0.0031H} + 0.1\% \times H + 0.4$$

建立了有限段高和不同端面约束条件下，冻结壁径向变形解析解，基于理论解结果提出冻结壁的设计建议：

(1) 合理制定施工工艺，加强各工序之间的配合，尽量减少井帮的暴露时间，最大暴露时间不能超过 24h，正常的应该保证在 12h 以内；

(2) 冻结壁的"平均温度"建议取：–18～–12℃；

(3) 冻结壁开挖段高为 2～6m；

(4) 随着表土层深度的增加，冻结壁的设计需要不断加强：降低冻结壁平均温度、增加冻结壁厚度、减小段高等来保证冻结壁在施工过程中的安全，随着深度的增加，冻结法凿井的成本也会急剧增加，必须通过合理协调各个因素之间的关系获得最优方案；

(5) 开挖荒径一般在 8~12m，实际中不同的开挖荒径对于冻结壁径向位移的影响可忽略不计；

(6)冻结壁厚度在 8~12m。

第8章 深土冻结壁数值模拟实验

8.1 冻结壁温度场

冻结凿井过程中，温度场变化决定冻结壁厚度和冻结壁平均温度，而这些指标又是反映冻土和冻结壁整体强度和稳定的重要参数。数值模拟实验作为物理模拟实验的重要补充，可以更加全面掌握冻结壁温度场演化过程，对冻结优化有指导作用，本章将详细介绍多圈冻结的数值模拟实验。

8.1.1 几何参数

以某矿风井为原型，冻结管内、中、外三圈布置，各圈径分别为 14.5m、17.6m 和 22.5m。内圈为辅助冻结圈，冻结管数量 24 个；中圈为辅助冻结圈，冻结管数量 24 个；外圈为主冻结圈，冻结管数量 48 个。主冻结圈冻结管间距 1.5m，辅助冻结圈冻结管间距 1.9～2.2m。

冻结管布置如图 8-1 所示，由冻结管布置方案可看出，井壁、冻结壁为轴对称结构，热分析中主要考虑冻结管的布置与分布，采用轴对称模型，为降低计算量，以 15°扇形面分析，井筒开挖荒径 9m，取 40m 半径建模。

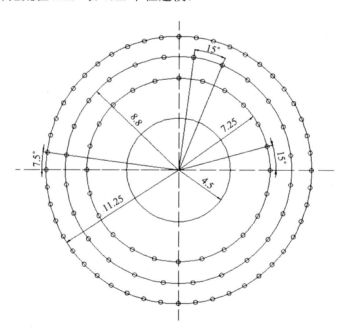

图 8-1 三排冻结管布置

该矿井的井筒技术特征见表 8-1。

表 8-1 井筒技术特征

序号	名称		单位	数值	备注
1	表土厚度		m	471	控制层位
2	最大冻结深度		m	534	
3	井筒净直径		m	ϕ 6.5	
4	井壁厚度		m	0.9~2.0	
5	井筒掘砌荒径		m	8.3~10.5	
6	冻结管圈径	外圈	m	22.5	
		中圈	m	17.6	
		内圈	m	14.5	
7	冻结管数量	外圈	个	46	
8		中圈	个	23	数值模拟管数量做调整
9		内圈	个	23	
10	开机到开挖		d	135	
11	开挖到停机		d	262	月成井 60m
12	盐水温度		℃	−33~−30	
13	冻结壁厚度		m	9	
14	冻结壁平均温度		℃	−15	
15	井帮温度		℃	−16~−14	

8.1.2 热物理学参数

材料热物理学参数见表 8-2。

表 8-2 材料热物理学参数

土性	密度(g/cm³)	含水量(%)	冻土导热系数 [W/(m·℃)]	未冻土导热系数 [W/(m·℃)]	冻土热容 [kJ/(m³·℃)]	未冻土热容 [kJ/(m³·℃)]
黏土	2.0	18.25	1.660	1.240	0.765	0.834

8.1.3 初始条件和相变

深部冻结凿井过程中经常遇到高地温的影响，图 8-2 为原型井筒地温随深度增加而变化的曲线。可以看出，30m 以内初始地温随深度变化不明显，大于 30m 随深度增加呈线性增大，为 2.5~3.5℃/100m。计算中取 20℃、25℃、30℃ 和 35℃ 4 种初始地温情况，比较初始地温对冻结壁温度场形成和最终温度场的影响。

三排管冻结温度场是有移动相变界面的二维非线性瞬态导热问题，处理该问题常用的有限元模型为"焓法模型"和"显热容法模型"。"焓法模型"采用焓和温度同时作为待求函数。由于相变界面上温度随时间的变化曲线是间断的，但是焓随时间的变化曲线是连续的，因此用数值方法求解焓分布时不需跟踪两相界面，从而使固相区和液相区统一处理成为可能。焓场求出后，温度场就容易解得。"显热容法模型"是把相变潜热看作一定厚度相变区域内的显热容量。随着冻结过程的进行，相变潜热不断释放，相变区域内的温度不断变化。由于整体区域内温度场是时间的连续函数，因此与"焓法模型"一样，可以不需跟踪两相界面，而在整体区域内求解统一的温度场。

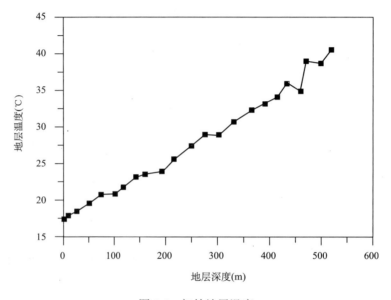

图 8-2　初始地层温度

冻土冻结过程土体中的水结冰释放出潜热，对温度场的影响很大，即相变导热问题，采用显热容法，把相变潜热折算成在一个小的温度范围内显热容，显热容的大小由相变潜热和相变温度范围所决定。

假设相变发生在 $T_f - \Delta T \leqslant T \leqslant T_f$ 温度范围内

$$C^* \cdot \frac{\partial T}{\partial t} = \nabla\left(\lambda^* \cdot \nabla T\right)$$

式中，$C^* = \rho \cdot C_P$，当冻结区和非冻结区的密度 ρ、比热容 C_P、导热系数 λ 各自为常数时，C^* 可表示为

$$C^*\left(T\right) = \begin{cases} C_s & T < T_f - \Delta T \\ C_s + \dfrac{\rho \cdot L}{\Delta T} & T_f - \Delta T \leqslant T \leqslant T_f \\ C_u & T > T_f \end{cases} \tag{8-1}$$

式中，L 为相变潜热，下标 s 和 u 分别为冻结相和非冻结相，f 代表相界面。同时，假设在 $T_f - \Delta T \leqslant T \leqslant T_f$ 温度范围内的导热系数为线性分布。

有限元程序中，结冰潜热可以通过定义材料中的焓值变化来实现，其计算方法为

$$H = \rho \cdot C \cdot \int \mathrm{d}T \qquad (8\text{-}2)$$

计算采用的焓值参见表 8-3 和图 8-3。

表 8-3　焓计算值

温度(℃)	焓值(kJ/m³)
−30	0
−1	45 900
1	1 657 800
30	216 480

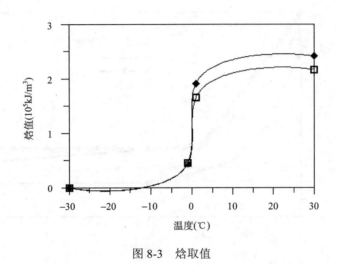

图 8-3　焓取值

8.1.4　边界条件

　　模拟冻结时间 360d，模型 40m 外边界施加恒定的地温(20℃、25℃、30℃和35℃)，计算模型示意如图 8-4 所示。冻结管外壁温度与盐水温度、冻结壁厚度、周围土层性质等有关。管内盐水温度为−30℃。当冻结壁厚度达到 3m 时，冻结管外壁温度与盐水温度之差稳定在 5～6℃，随冻结壁厚度增加，两者之间的差值减小到 2～4℃。考虑实际工程中盐水的降温过程和冻结壁的发展情况，确定冻结管的外壁温度变化如表 8-4 和图 8-5 所示。在温度场数值模拟中直接施加外壁的温度作为冻结管的温度边界。其他边界由于是对称边界，在热分析中认为绝热。

8.1.5　模型单元和网格划分

　　数值模拟采用的单元为平面 Plane55 单元，模型网格划分见图 8-6，为保证计算精度和效率前提下，对冻结管附近网格进行细化。

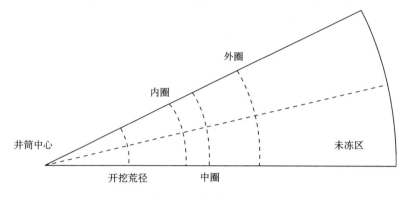

图 8-4　计算模型示意

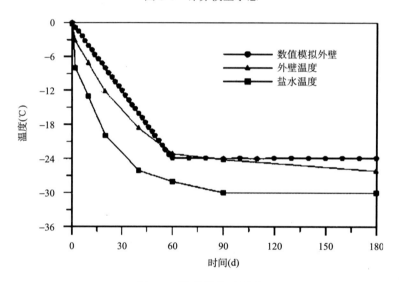

图 8-5　冻结管外壁温度

表 8-4　冻结盐水和冻结管外壁温度

冻结时间(d)	盐水温度(℃)	外壁温度(℃)
2	−8	−3.0
10	−13	−7.0
20	−20	−12.0
40	−26	−18.5
60	−28	−23.0
90	−30	−24.0
180	−30	−26.0

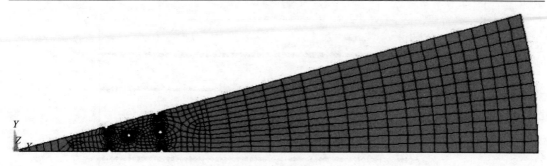

图 8-6　网格划分

8.1.6　结果分析

围绕两个特征面(共主面:通过内、外圈冻结管的径向截面,图中模型的两侧面;界主面:通过中、外圈冻结管的径向截面,图中模型的对称轴)以及特征点(井心和井帮)温度的演变来分析冻结壁演化过程。

图 8-7 和图 8-8 结果表明:模型实际施加的温度边界条件和设计一致,模型计算可靠。

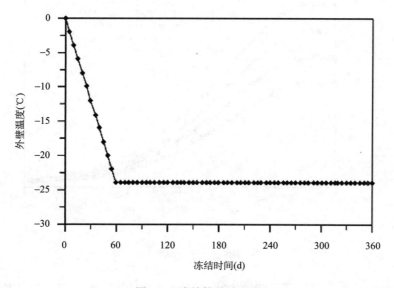

图 8-7　冻结管外壁温度

井心温度在 360d 冻结期内一直递减(图 8-9),前 60d 井心温度变化不明显,说明冻结管的降温效果到 60d 左右才影响到井心,随后进入稳定递减状态,当冻结 300d 以后井心降温的速率逐渐变缓,从曲线可以看出随着冻结时间的延长最终使井心的温度降至 0℃以下,这时整个开挖断面将全部冻实,在经济上是不合理的,也会增加开挖施工的难度。当初始地层温度不同,井心温度变化具有相同的规律,初始地温每升高 5℃,井心的稳定状态温度上升 0.03~0.08℃。

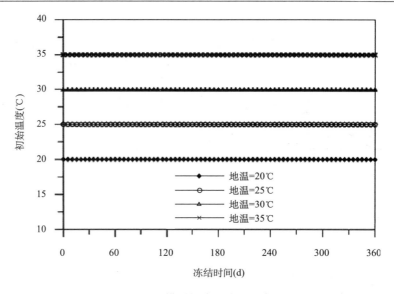

图 8-8 模型外边界地层温度

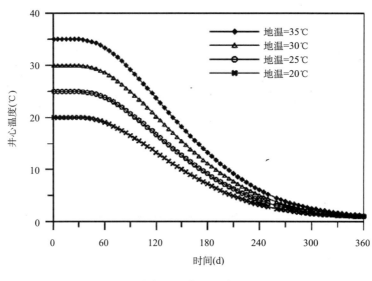

图 8-9 井心温度

井帮温度和井心温度具有类似的规律(图 8-10)。井帮距离冻结管的位置更近,降温的速度也更快;当温度降低到 0℃时,温度场出现振荡平衡过程,这主要是因为潜热释放的影响,当潜热释放完毕后,又会进入稳定降温状态,井帮温度在 200d 左右完全降至 0℃以下,地温的影响差别在 20d/5℃。井帮温度过低会降低有效的冻结壁利用率(有效冻结壁厚度=实际冻结厚度–开挖冻结厚度)。

自开始冻结至第 120d,冻结管圈径内的土体温度由 25℃急剧降低到–20℃以下,此阶段称为积极冻结阶段。首先在冻结管周围的温度迅速下降形成一个圆形的冻土柱,随着时间变化,冻土柱不断扩大到相邻的冻结管交圈,主冻结圈交圈时间为 60d,冻结锋面由以冻结管为中心的圆形转变为以井筒中心为圆心的内外两个冻结锋面,主冻结圈首先交圈，主冻结圈的外侧冻结锋面扩展速度明显慢于内侧的冻结锋面，主要是因为内侧的辅助冻结管的作用以及内侧冷量损失小于外侧。随后进入拟稳定状态(维护冻结状态)，尤其是外圈冻结管以外的温度变化十分缓慢，这是因为外侧冻结锋面上热传导基本上达到平衡状态。两个特征面温度演变结果见图 8-11、图 8-12 和表 8-5。

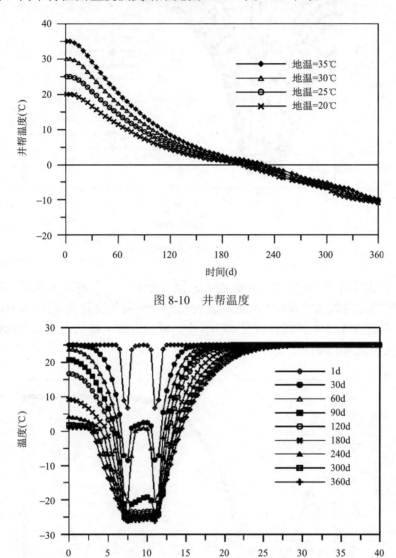

图 8-10　井帮温度

图 8-11　共主面温度演变(25℃)

　　共主面的温度场在内圈冻结管的内侧和外圈冻结管的外侧，大致呈现对数曲线分布；而在内圈和外圈的冻结管之间的温度场则呈抛物线，两个冻结管位置温度最低，中间点的温度最高，并且中间的降温速率是逐渐变缓的，因此该点温度稳定可以作为冻结壁稳定的一个重要评价指标。界主面温度演变和与之类似，中圈冻结管的内侧还有冻结管的作用，因此，向井心的温度发展较共主面快，随着冻结时间增加，两个特征面上的温度场趋势和数值趋向一致。

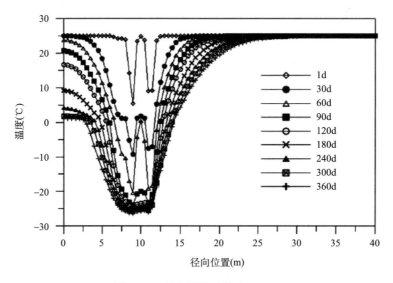

图 8-12　界主面温度演变(25℃)

图 8-13 给出了冻结 360d 两个特征面上的温度分布。两者基本上重合，说明多圈形成的厚冻结壁的稳定状态的温度场，可以假设为沿着环向是没有变化的(沿着径向的变化规律相同)，多圈厚冻结壁的应力和变形计算中，可以将冻结壁认为是轴对称的，沿径向的温度分布按照图 8-13 取值。

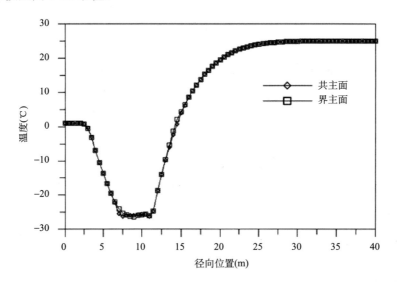

图 8-13　拟稳定阶段共主面和界主面温度

表 8-5　冻结壁温度场演变结果汇总(25℃)

时间 (d)	结冰温度 (℃)	井心温度 (℃)	井帮温度 (℃)	平均温度* (℃)	冻结壁厚度 (m)	备注
1		25.00	25.00	—	—	未交圈
30		24.96	20.78	—	—	未交圈
60		23.80	14.27	—	—	未交圈
90		20.71	9.39	−16.30	6.43	交圈
120	−0.5	17.76	5.67	−16.79	7.19	交圈
180		9.17	1.52	−16.61	8.47	交圈
240		4.12	−2.28	−16.63	9.20	交圈
300		1.85	−6.42	−16.65	10.01	交圈
360		1.08	−10.45	−16.71	11.18	交圈

表 8-6　冻结设计参数与实测和数值模拟对比

项目	冻结壁 厚度(m)	井帮 温度(℃)	平均 温度(℃)	冻结 时间(d)	盐水 温度(℃)	三圈冻结管布置		
						外	中	内
设计值	9	−16～−14	−15	135+262	−33～−30	22.5/46	16.5/23	14.5/23
实测值	8.84	−20.3～−16	−21.1	290	−31～−30	22.5/46	16.5/23	14.5/23
模拟值	9.20	−6.42	−16.63	300	−30	22.5/48	16.5/24	14.5/24

综合分析温度场的数值模拟结果可以得到以下主要结论：

(1) 冻结壁形成过程中向外侧的扩展速度和厚度都是有限的，这主要是因为冻结壁外侧扩展受地层热源的影响较内侧显著，当冻结壁的厚度增大，受热的面积和传热的阻力随之增大，冻结壁的扩展速度逐渐减缓，最终会达到热平衡状态。单排冻结管冻结壁外侧厚度最大能达到 3m 左右(盐水温度−30℃)，内外的扩增速度比 0.6∶0.4；本数值模拟的三排冻结管情况下向外扩展的厚度也仅仅达到 3.3m 左右，因此想要形成厚度较大的冻结壁，最有效的办法是扩大最外圈冻结管的圈径。

(2) 温度场的计算结果表明采用主、辅双圈冻结法方案有利于加快冻结壁的形成，降低冻结壁的平均温度，使冻结壁的温度分布更加均匀，可以在预定的时间内形成工程所需冻结壁的厚度和温度。

(3) 井帮和井心温度的监测可以为工程施工进度和冻结时间的调整提供依据，过低的井帮和井心温度会增加冻结的成本，同时会加大开挖的难度。

(4) 地层温度对于冻结壁形成存在一定的影响，地温每升高5℃，井帮降为0℃以下的时间推迟大约5d，井心的温度在冻结拟稳定阶段的温度升高0.03～ 0.08℃，制冷系统的负荷需要加大。

(5) 共主面和界主面的温度分布随着冻结时间的增加趋向一致；多圈形成的厚冻结壁环向上具有相同的温度，因此可以将冻结稳定阶段的冻结壁近似地假设为轴对称是可靠的。

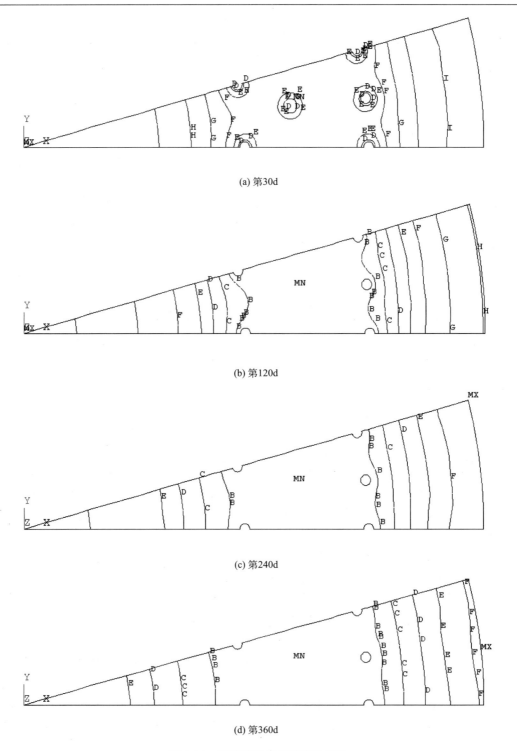

(a) 第30d

(b) 第120d

(c) 第240d

(d) 第360d

图 8-14　冻结壁温度场演变(25℃)

1. A= −27℃；2. B= −21℃；3. C= −15℃；4. D= −9℃；5. E= −3℃；6. F=3℃；7. G=9℃；8. H=15℃；9. I=21℃；10. J=27℃

(6) 砂土较黏土具有更高导热系数，因此当黏土冻结壁温度场达到设计要求以后，砂土冻结壁的温度场自然满足，但是要注意含水砂层的地下水的影响，当地下水的流速过大，就需要特殊处理。

8.2 无限长厚壁圆筒冻结壁模型

将深土冻结壁视为无限长厚壁圆筒，进而简化为轴对称平面问题，根据 8.1 节温度场计算结果，计算深土冻结壁的变形应力演化规律，并和第 7 章提出的径向分层理论模型相互验证。

数值模拟采用间接顺序耦合方法，首先模拟冻结壁温度场的形成过程，再以稳态温度场作为应力变形计算的基础进行深土冻结壁蠕变计算。其中温度场计算采用和 8.1 节相同的 Plane55 单元，应力场的计算选择 Plane42 单元，采用"杀死"单元法模拟开挖，模型半径取 4.5m，如图 8-15 所示，冻结壁最长暴露时间 24h。

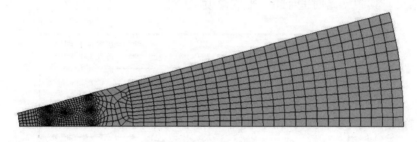

图 8-15 网格划分

8.2.1 模型边界条件

温度场计算边界条件和 8.1 节相同，初始地温 25℃。应力计算时，模型外侧施加恒定应力边界条件(6.0MPa)。两个半径施加对称约束，空帮部位为自由边界。

8.2.2 冻土本构关系

D-P 模型较适用于冻土模拟，但 ANSYS 标准程序中该模型不能与蠕变模型联合使用。因此，冻土弹塑性本构采用双曲线性强化模型，屈服强度按照冻土单轴抗压强度的 1/3～1/2 取。强化(塑性)段模量为弹性模量的 1%～3%。通过该处理方法，模拟冻土长时强度普遍较低并且屈服后流动显著等特点。冻土力学参数取值见表 8-7。

表 8-7 冻土力学参数

温度(℃)	弹性模量(MPa)	泊松比
−30	556	0.26
−20	370	0.28
−10	276	0.33
−1	183	0.38

冻土蠕变本构模型同式(7-11)。冻土壁蠕变属于三维应力状态下的蠕变，通过单轴蠕变试验获得的蠕变参数，应先转换为三轴蠕变参数方可使用，冻土三轴蠕度参数取值见表 8-8。

表 8-8　冻土三轴蠕变参数

温度(℃)	A	A_0	B	K	C
−20	$1.029×10^{-3}$	8.1	1.57	2.2	0.3
−15	$9.887×10^{-4}$	8.1	1.57	2.2	0.3
−10	$3.158×10^{-4}$	8.1	1.57	2.2	0.3

8.2.3　计算结果与分析

图 8-16～图 8-19 分别为深土冻结壁径向应力、环向应力、径向变形以及井帮蠕变变形的计算结果，其中暴露时间 12h，平均温度−16℃。

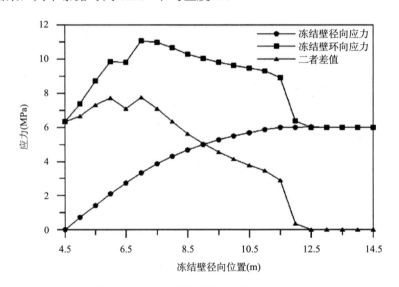

图 8-16　非均匀温度场冻结壁中应力分布

图 8-17 的结果和第 7 章中的理论计算结果类似，但是数值计算所得塑性区半径较理论模型结果偏小。理论模型和数值计算所得径向应力结果接近。因为径向温度的不均匀造成环向应力的差异非常明显。图 8-16 中因为材料性质的非均匀性造成冻结壁中环向应力出现多个转折点。可以预见，温度梯度诱导的冻土非均质性对冻结壁稳定影响在多圈管冻结条件下将是非常显著的。

图 8-18 和图 8-19 给出了冻结壁径向位移和冻结壁井帮位移变化规律。冻结壁冻结管圈径之间位置的冻土温度低，相应的冻土强度高，因此对应的冻结壁变形小，冻结壁径向变形呈现向下凹趋势，这和均温冻结壁径向变形变化规律不同。另外，随井帮暴露时间增加，冻结壁变形速率由快逐渐变慢，并趋于稳定，这与理论模型计算结果相一致。

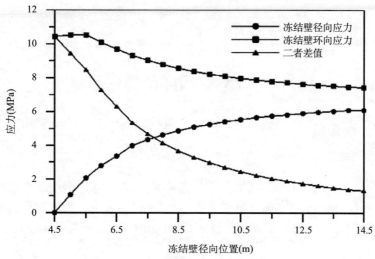

图 8-17　均匀温度场冻结壁中应力分布

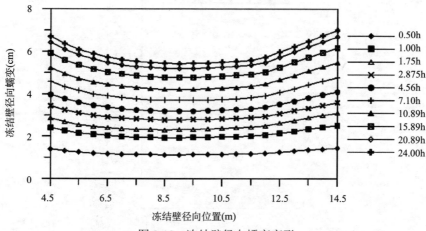

图 8-18　冻结壁径向蠕变变形

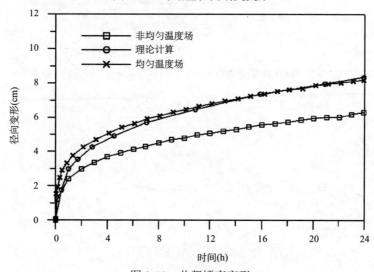

图 8-19　井帮蠕变变形

考虑深土冻结壁径向温度的非均匀时，冻结壁的径向位移的量值较通常冻结壁的平均温度计算结果小，这和分层理论模型计算结果一致。

8.3　有限段高冻结壁模型

本节模拟黏土层深土冻结壁在不同约束和开挖段高情况下的变形和应力分布。

8.3.1　模型几何参数

井筒开挖荒径 9m，通过"杀死"荒径内单元方法模拟井筒开挖。数值模型由上部井壁支护段、中间开挖段和底部下卧段组成，如图 8-20 所示。为消除边界效应，空帮上下各取 20m，计算半径取 40m，温度沿径向的分布取 8.1 节计算结果(地温 25℃)。

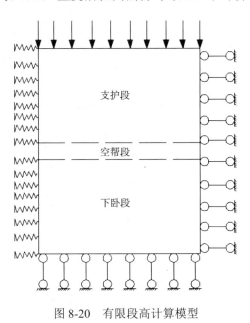

图 8-20　有限段高计算模型

8.3.2　冻土的蠕变本构关系和力学参数

冻结黏土强度参数和蠕变参数见表 8-7 和表 8-8。

8.3.3　边界条件

(1) 顶面作用竖向压力，"上覆地层自重"依据地层深度及土层平均容重($20kN/m^3$)计算后直接施加到模型顶面，模拟深度取 450m；

(2) 外侧面径向位移约束；

(3) 模型底面为截断边界，边界条件为竖向位移约束；

(4) 支护段和下卧段内侧面为不同刚度的弹簧约束和径向位移约束。

8.3.4　计算规划

本节数值模拟主要目的是获得非均温条件下冻结壁变形和应力，由于冻结方式和冻土蠕变参数离散性对冻结壁的影响不同，温度场为冻结方式(外圈为主冻结管，中圈和内圈为辅助冻结圈)下的结果。不讨论冻土蠕变参数变化的影响，即将冻土蠕变参数固定。当工程条件一定时，可控因素主要是空帮高度、支护段刚度系数以及下卧段的刚度系数。

支护段和下卧段刚度主要考虑未冻土(井心未冻实)、冻土(井心冻实)、不同混凝土的弹性模量(30GN/m、60GN/m 和 90 GN/m)和径向位移约束等，段高取 2m、4m、6m、8m 和 10m。

8.3.5　计算结果与分析

1. 支护段和下卧段约束分析

假设支护段和下卧段的约束相同，不同径向约束条件下计算结果如图 8-21 所示。图 8-21 说明混凝土井壁对于冻结壁的约束作用十分明显，与径向位移约束相同，因此在数值模拟中将混凝土井壁假设为刚性约束是合理的，这种约束条件下空帮最大位移出现在段高的中心位置，当两侧的约束接近未冻土和冻土的时候，段高两端的变形也会有一定的量值，尤其是当全部是融土的状态时，是不可能保证空帮安全的，整个空帮的变形都会超过工程允许的变形值，这在实际的工程中是不存在的，一般开挖时井帮温度已经降为 0℃以下。

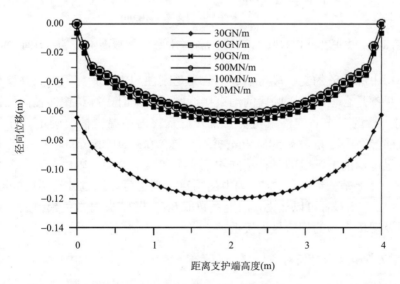

图 8-21　支护段和下卧段约束相同时空帮径向位移(空帮段高 4m，空帮时间 12h)

实际工程中冻结壁径向位移沿高度大约在距离工作面 1/3 处达到最大。这是由于实际工程中支护段和下卧段的约束条件不一致所导致。

支护段按照混凝土井壁(k=60GN/m)，结合工程实际将下卧段的约束分三种情况考虑：整个开挖荒径内均为未冻土(k=50 MN/m)，井心未冻实(k=250MN/m)和井心完全冻实(k=500 MN/m)。

随下卧段弹簧刚度系数降低(约束强度减弱)，沿段高的位移逐渐加大，当开挖荒径内全部是未冻土时，整个开挖段高内冻结壁的位移都相当大，超过工程允许的冻结壁径向变形要求，对于冻结壁温度和冻结管安全都是不利的。当井帮降为 0℃以下(–12℃)，未冻实与井心完全冻实(井帮–18℃)两种情况下，计算冻结壁径向位移最大值相差 3.5mm，说明井心完全冻实对于较小冻结壁径向位移的意义不大，从冷量消耗以及开挖的角度考虑也是不经济的。

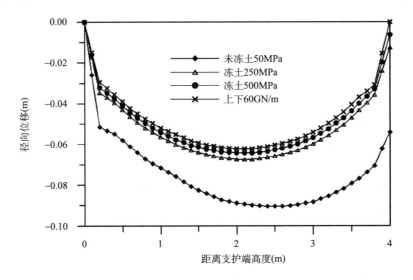

图 8-22　支护段和下卧段的不同的空帮径向位移(空帮段高 4m，空帮时间 12h)

数值模拟中冻结壁的支护段可以近似认为是刚性约束或者将混凝土井壁视为弹簧约束计算的结果都是合理的。下卧段的约束接近实际情况时，冻结壁的径向位移最大值接近实测数据，靠近工作面的约束情况要视开挖荒径内的温度情况确定。井帮温度大于 0℃，下卧段的弹簧刚度系数 k=50MN/m；井心未冻实(k=250MN/m)和井心完全冻实(k=500 MN/m)，这里讨论的下卧段的三种不同约束情况和第 7 章中有限段高力学模型结论中的固定系数在意义上是一致的，式(7-57)中的固定系数也可以通过井帮温度的数值确定(当井帮温度在–12～–8℃时可以认为，固定系数取 0.6～0.7，此时数值模拟的结果也和理论公式计算以及现场实测的规律最为接近。

2. 不同段高和暴露时间对冻结壁径向位移的影响

图 8-23 为冻结壁最大位移与掘进段高间的关系曲线，图 8-24 为不同段高冻结壁位移和暴露时间关系曲线。随着段高增大和暴露时间增长，冻结壁径向最大位移急剧增大。考虑空帮时间 12h，冻结壁最大位移 $U_{\max}$ 和段高 h_{d} 之间的关系满足

$$U_{\max} = 0.0014h_{\mathrm{d}}^2 + 0.009h_{\mathrm{d}} \tag{8-3}$$

当掘进段高在 4m 范围以内时，12h 内的冻结壁径向变形量都在安全范围以内。空

帮时间最好不要超过 12h，但是也不是越早支护越好。从图 8-24 可以看出空帮初期(0～3h)冻结壁的径向变形变化速率快，此阶段支护需要承受的支护反力也大，因此允许一定的冻结壁合理变形对井壁的安全是有利的，但是要控制在冻结壁蠕变变形的第一阶段开始支护。

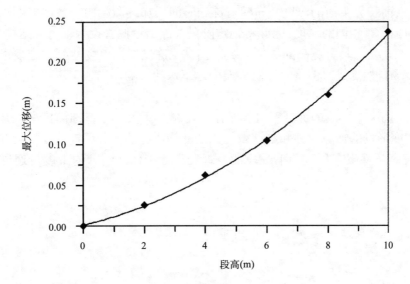

图 8-23　冻结壁最大径向位移与段高关系曲线

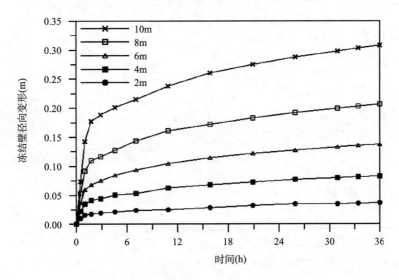

图 8-24　冻结壁径向变形随时间变化曲线

8.4　小　　结

(1) 受地层热量影响，深土冻结壁形成过程中向外侧扩展的速度和厚度都是有限的，因此想要形成厚度较大的冻结壁，最有效的办法是扩大最外圈冻结管圈径。

(2) 采用主、辅双圈冻结方案有利于加快冻结壁形成速度，降低冻结壁平均温度，使得冻结壁中温度分布更加均匀，使得在预定的时间内形成所需要的冻结壁厚度和温度。

(3) 地层温度对于冻结壁形成有影响，地温每升高 5℃，井帮降至 0℃ 以下时间推迟约 5d，井心温度在冻结拟稳定阶段的温度升高 0.03～0.08℃，制冷系统的负荷需要加大。

(4) 共主面和界主面的温度分布随着冻结时间增加逐渐趋向一致，多圈冻结形成的冻结壁环向上具有相同的温度，因此将稳定阶段的冻结近似假设为轴对称结构是合理的。

(5) 砂土较黏土具有更高的导热系数，当黏土冻结壁温度场达到设定要求后，砂土冻结壁温度场自然满足。但是要注意砂层中地下水的影响，当地下水流速过大，则需特殊处理。

(6) 在多圈冻结形成的冻结温度场基础上，基于无限长厚壁圆筒模型，开展了冻结壁应力场和变形场的计算，并和第 7 章提出的非均质冻结壁分层理论模型相互验证。获得了有限段高条件下支护段和下卧段的合理约束，工作面端部约束度可通过井帮温度确定。

第 9 章　深土冻结壁物理模拟实验

非均质厚冻结壁变形机制与影响因素是冻结凿井工程，特别是深厚表土中冻结法凿井工程中亟须解决的基础问题。冻结壁非均质特征源于内部温度和强度的空间非均匀分布。受非均质、初始地层条件以及施工参数等影响，目前还无法从理论上给出冻结壁变形的精确解答。而相似物理模拟试验作为理论分析方法的重要补充，逐渐成为研究冻结壁变形过程及其影响因素的重要支撑手段。

9.1　相似理论与模拟试验

相似理论认为自然界的现象总是服从于一定的规律，现象特性的各量之间存在着一定的关系，称之为现象相似。相似的现象可被相同的方程组所描述，用来描述现象的一切物理量在空间中相对应的所有点及在时间上的各瞬间具有同一比例。相似方法是理论方法和试验方法的桥梁，应用相似理论进行模型试验的设计及其试验数据处理，可获得原型各参数的变化规律，建立经验性的指导方程。相似理论的基础是相似三定理。

(1) 相似第一定理：对相似的现象，其单值条件相似、相似准则的数值相同。相似第一定理由法国科学家贝特朗确定，也叫相似"正定理"。这一定理是对相似现象相似性质的一种概括，也是现象相似的必然结果。相似准则是一无量纲的综合数群，它反映现象相似的数值特征，相似准则这一综合数群在相似现象中的对应点和对应时刻在数值上相等。

(2) 相似第二定理：设一个物理系统有 n 个物理量，其中 k 个物理量的量纲是独立的，则 n 个物理量可表示成相似准则 $\pi_1, \pi_2, \cdots, \pi_{n-k}$ 之间的函数关系 $F(\pi_1, \pi_2, \cdots, \pi_{n-k}) = 0$。模型试验中，$\pi$ 项有自变和因变之别。如果一个现象存在一个因变 π 项，则 π 关系式可表示为：$\pi_1 = F(\pi_2, \pi_3, \cdots, \pi_{n-k})$。相似第二定理也称为"相似 π 定理"，说明任何物理现象，各参数间的关系均可用准则方程来表示，这些准则是无主次的，且准则的数目等于参数的数目与参数基本量纲之差。这样可以根据实际问题的影响参数，利用相似第二定理确定相似准则，进而进行模化设计。

(3) 相似第三定理：凡具有同一特性的现象，如果单值条件(系统的几何条件、介质的物理性质、初始条件等)相似，而且由单值条件所组成的相似准则在数值上相等，则这些现象相似。相似第三定理也称为"逆定理"，据此可以将模拟试验的结果推广应用到原型。

模拟试验是严格按照相似理论设计进行物理模拟试验，并运用相似理论处理试验结果，从而获得原型各参数变化规律的一种实验研究方法。目前已广泛应用于机械、航天、土木工程等诸多领域。

模拟试验按对自重应力的模拟方法可分为普通模拟试验和离心模拟试验。普通模拟试验通过施加面力的方法近似模拟自重，原型与模型重力场近似相似。离心模拟试验用离心力来模拟重力，模型与原型重力场严格相似。但是，离心模拟试验需要离心机，试验成本高，且由于模型质量小，对试验过程中的动态加、卸载技术，特别是测量技术要求高。对深土非均质厚冻结壁稳定问题，在所研究段高内，冻结壁自重不是主要影响因素，因而可以采用施加竖向压力来近似模拟上覆土层自重。

本章物理模拟实验在自行设计研制的大型多功能深厚表土冻结壁物理模拟试验台上开展，属于普通模拟试验方法。主要针对深厚表土层中厚冻结壁的流变力学特性以及与各影响因素间的相互关系。

9.2　模拟试验设计

9.2.1　相似准则

1. 水分迁移数学模型与相似准则

冻结过程发生水分迁移现象，其实质是冻结过程的水分场问题，其数学模型为

$$\frac{\partial h}{\partial t_1} = \lambda \cdot \left(\frac{\partial^2 h}{\partial r^2} + \frac{1}{r} \cdot \frac{\partial h}{\partial r} \right) \tag{9-1}$$

其中

$$\begin{cases} \text{当} t_1 = 0 \text{时}, & h = h_0 \\ \text{当} t_1 > 0 \text{时}, & h(\infty) = h_0, h(\zeta) = 0 \end{cases}$$

式中，h 为湿度；λ 为导热系数。

相似转换可得到傅里叶准则 $F_h = \dfrac{\lambda t_1}{r^2}$，几何准则 $R = \dfrac{H}{r}$，湿度准则 $\Theta = \dfrac{h}{h_0}$。

可以看出，水分迁移过程与冻结过程在数学上是相似的，两者均符合傅里叶准则。因此在几何相似的条件下，只要温度场相似，水分场可以达到"自模拟"相似。

2. 冻结温度场数学模型与相似准则

作以下基本假定：
(1) 截取某一厚度冻结壁进行相似模化，冻结壁温度场简化为轴对称平面问题；
(2) 在研究范围内认为深部土体均匀连续；
(3) 初始温度为一等值常数，冻结管在长度上恒等温；
(4) 冻结时，潜热集中在冻结面连续放出，冻结前后热参数，如比热容、导温系数等发生突变，且各为定值。

冻结温度场数学模型如图 9-1 所示，其导热方程为

$$\frac{\partial T_n}{\partial t_1} = a_n \cdot \left(\frac{\partial^2 T_n}{\partial r^2} + \frac{1}{r} \cdot \frac{\partial T_n}{\partial r} \right) \quad (t_1 > 0, 0 < r < \infty) \tag{9-2}$$

式中，T_n 为未冻土和冻土中 r 点的温度，℃；$n = 1$ 表示未冻土，$n = 2$ 表示冻土；t_1 为冻

结时间，s；r 为圆柱坐标，以冻结管中心为原点，m；a_n 为导温系数，$a_n = \lambda_n / C_n$，m^2/s。

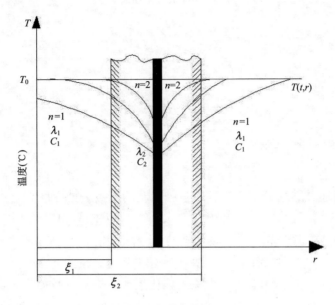

图 9-1　冻结温度场示意

在冻结锋面两侧，有热平衡方程

$$\lambda_2 \cdot \frac{\partial T_2}{\partial r}\bigg|_{r=\xi_N} - \lambda_1 \frac{\partial T_1}{\partial r}\bigg|_{r=\xi_N} = \psi \cdot \frac{\mathrm{d}\xi_N}{\mathrm{d}t_1} \tag{9-3}$$

式中，r_0 为冻结管外半径，m；ψ 为冻结时，单位容积放出的潜热量，J/m^3；ξ_N 为冻结锋面在 N 区内的坐标，m；当 $N=1$ 时，表示冻结锋面在冻结管布置圈以内，当 $N=2$ 时，表示冻结锋面在冻结管布置圈以外。

在冻结开始前，地层中具有均匀温度 T_0，$T(r,0) = T_0$；在无穷远处，温度场不受冻结的影响，$T(\infty,t) = T_0$；在冻结锋面上，为冻结温度 T_d，$T(\xi_N,t) = T_\mathrm{d}$；在冻结管外侧，有 $T(r_0,t) = T_\mathrm{c}$。以上为相似模拟试验的初始条件和边界条件。

用方程转换法可得如下准则：

温度准则方程

$$\pi_{\mathrm{t}1} = \frac{T_n - T_\mathrm{d}}{T_0 - T_\mathrm{d}} \tag{9-4}$$

$$\pi_{\mathrm{t}2} = \frac{T_\mathrm{c} - T_\mathrm{d}}{T_0 - T_\mathrm{d}} \tag{9-5}$$

几何准则方程

$$\pi_1 = \frac{r}{r_0} = C_\mathrm{o} \tag{9-6}$$

柯索维奇准则方程

$$K_o^1 = \frac{\psi}{c_1 \cdot (T_0 - T_d)} \tag{9-7}$$

傅里叶准则方程

$$F_o = \frac{a_n \cdot t_1}{r_0^{\,2}} \tag{9-8}$$

温度的无量纲准则方程

$$T_n = F(F_o, K_o^1, C_o, \pi_t) \tag{9-9}$$

3. 冻结壁变形的相似准则

大量工程实践表明，冻结壁变形与冻结壁厚度、开挖深度、掘进段高、暴露时间等因素有关，因而可通过冻结壁变形与各影响因素间的函数来推导准则方程

$$f(u, \sigma_s, h_d, P_1, P_0, t, E_T, A, m, \mu, a, \rho_s, g) = 0 \tag{9-10}$$

式中，u 为井帮径向位移，m；σ_s 为冻土强度，MPa；h_d 为井帮暴露高度，m；P_1 为竖直压力，MPa；t 为井帮变形时间，s；E_T 为冻结壁厚度，m；A 为冻土变形系数，与冻结壁温度及变形时间有关，MPa；m 为冻土强化系数，与土质有关，无量纲；μ 为冻土泊松比，无量纲；a 为掘进半径，m；ρ_s 为冻土密度，kg/m³；g 为重力加速度，m/s²。

用量纲分析法可得如下准则：

几何准则：$L_1 = \dfrac{u}{a}$，　　$L_2 = \dfrac{E_T}{a}$，　　$L_3 = \dfrac{h_d}{a}$ $\tag{9-11}$

力学准则：$\pi_1 = \dfrac{P_1}{A}$，　　$\pi_2 = \dfrac{P_0}{A}$，　　$\pi_3 = \dfrac{\sigma_s}{A}$，　　$\pi_4 = \dfrac{\rho_s \cdot g \cdot h_d}{A}$ $\tag{9-12}$

常量准则：$\pi_5 = m$，　　$\pi_6 = \mu$ $\tag{9-13}$

时间准则：$\pi_7 = \dfrac{g \cdot t^2}{a}$ $\tag{9-14}$

9.2.2　相似模化

以某深部冻结井筒为原型，进行模拟试验设计，原型井筒的主要技术特征如表 9-1 所示。

表 9-1　井筒主要技术特征

名称	单位	数值	备注
表土总厚度	m	583.1	
第四系厚度	m	137.4	
新近—古近系厚度	m	445.7	
井筒净直径	m	6.5	
井筒净断面积	m²	33.166	
井壁厚度	m	0.9～2.0	表土段
开挖荒径	m	8.3～10.5	

名称	单位	数值	备注
冻结深度	m	702	
冻结壁厚度	m	13.5	
冻结壁平均温度	℃	−20	

1. 几何缩比

试验在自主研制的深厚表土层非均质厚冻结壁模拟试验台上进行，试验台内径 0.40m，外径 1.60m，竖向总厚度 0.6m，可模拟开挖高度 0.30m。

结合模拟试验台的有效空间及原型特征，确定几何缩比 $C_o = 20$，满足量测数据精度（一般 $C_o < 30$）及试验周期要求。模拟试验中三圈冻结管圈径按几何缩比换算。

2. 时间缩比

由冻结温度场傅里叶准则可得

$$C_t = C_o{}^2 = 20^2 = 400 \tag{9-15}$$

该准则用于控制冻结壁形成过程中的温度场，模拟试验中的 1d 相当于原型的 400d。当冻结壁形成后，开挖过程中冻结壁温度场可近似视为稳定温度场。因而可通过控制边界条件使温度场近似稳定，从而实现冻结壁的温度场与原型基本一致。

由冻结壁变形相似准则 $\pi_7 = \dfrac{g \cdot t^2}{a}$ 可得

$$C_t^l = \sqrt{C_o} = \sqrt{20} = 4.47 \tag{9-16}$$

因而，在力场研究中时间缩比按式(9-16)确定。

3. 温度缩比

由冻结壁温度场柯索维奇准则 $K_o^l = \dfrac{Q}{t \cdot c}$ 可得，当采用原型井筒中开挖出的土样时，有温度缩比

$$C_T = 1 \tag{9-17}$$

即模型与原型中各点的温度对应相等。

4. 深度模拟

模拟试验采用取自原型井筒掘砌现场的深部土样，室内重塑。即模型材料与原型材料相似。根据冻结壁变形模拟中的力学准则，可知：$C_p = C_\sigma = C_A = 1$，即要求模型中施加的荷载应与原型的外载相同。

模拟试验中忽略研究段高内土体自重，并通过施加侧向荷载近似模拟水平地压。同时，对于竖向荷载采用自模拟的方式，通过试验台反力架限制竖向位移并提供反力。在

段高内冻结壁上下端埋设高精度土压力传感器,对竖向压力进行测量。

模拟试验所研究冻结壁的埋深在 400～600m,按重液公式确定试验侧向压力为 4.8～7.2MPa。

实际的冻结壁是在有载冻结条件下形成的。室内研究表明,深部冻土强度受形成冻结壁过程中外载状态的影响。因此,在试验时先向试验土体施加模拟试验要求的荷载,土样固结完成后再实施冻结。

9.3　模拟试验系统

模拟试验系统由试验台、冻结系统、温控系统、液压伺服加载系统、量测系统、试验台固定架(竖向加载系统)和起重安装系统等组成,如图 9-2 所示。试验系统主要研究在有载条件下冻结壁的形成,模拟井筒开挖、井壁支护以及冻结壁的蠕变和承载性能等,采用液压伺服加载系统控制围压和内压,同时监测试验过程中温度、变形和应力的演化。

图 9-2　试验台

(1) 试验台为筒体结构,采用液压伺服加载系统施加土层的围压(模拟土层深度 400～800m,围压按照重液地压公式计算,考虑到冻结壁的极限承载强度,最大围压值为 20MPa);

(2) 模拟地层上下部为位移约束边界;

(3) 模拟试验尺寸:段高 0.3m,开挖荒径 0.4m,模拟土层厚度 0.6m;

(4) 三圈冻结:内、中、外圈径分别为 0.725m、0.880m 和 1.125m;

(5) 冻结温度–30℃。

9.3.1 试验台

物理模拟试验台采用 45#钢浇铸成型，最大试验压力 20 MPa。采用 U 型卡代替高强螺栓的做法，使得试验台组装工作得到简化，配合 O 形橡胶密封圈，能够实现很好的紧固与密封效果。在该试验系统上已经陆续开展了人工冻土帷幕温度场、水分场、应力场、变形场试验，深部弱胶结围岩-水-井壁相互作用试验等。试验台剖面及俯视图如图 9-3～图 9-5 所示。

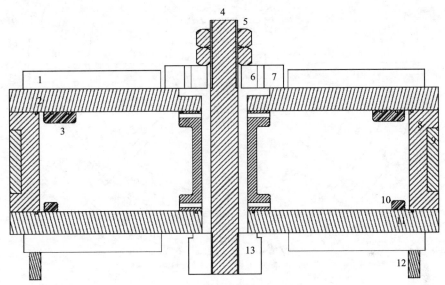

图 9-3 试验台 A-A 断面图

1. 径向肋板；2. 上盖板；3. 上压头(环形)；4. 大螺杆；5. 大螺帽；6. 无压出线孔；7. 大螺栓上压板；8. 筒体；9. 竖向肋板；10. 下压头(环形)；11. 下底板；12. 试验台支座；13. 大螺杆底座

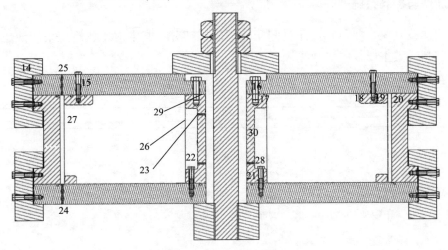

图 9-4 试验台 B-B 断面图

14. U 型卡；15. M20 高强螺栓；16. M30 高强螺栓；17～21、29. O 形橡胶密封圈；22. 内压室进液孔；23. 内压室排气孔；24. 围压室进液孔；25. 围压室排气孔；26. 内压室乳胶膜；27. 围压室乳胶膜；28. 压力室出线孔；30. 内压室

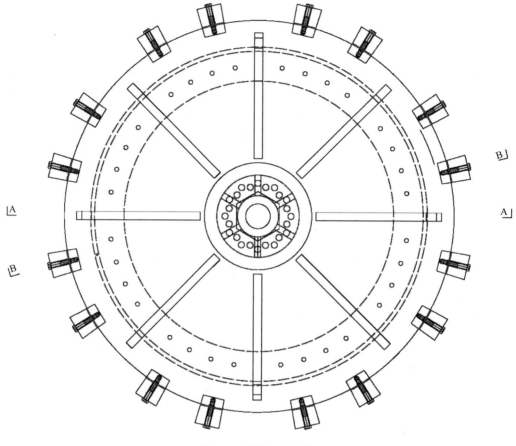

图 9-5　试验台俯视图

9.3.2　加载与控制系统

　　试验加载系统主要包括内压、侧压和顶压三部分。其中内压、侧压采用液压伺服加载系统控制。其主要技术参数见表 9-2。

表 9-2　加载系统技术参数

技术参数		单位	围压	内压
最大压力		MPa	30	30
容量		L	45	20
流速		L/min	20	20
变形量程		mm	15	20
测量精度	压力	MPa	± 2%	± 2%
	变形	mm	± 0.5%	± 0.5%
控制精度	压力	MPa	± 0.05%	± 0.05%
	变形	mm	±0.1%	±0.1%

　　内压、侧压分别由独立的液压伺服加载系统控制，基于德国 DOLL 全数字伺服控制器可实现位移和负荷两种方式的控制加载，液压伺服加载系统及控制装置如图 9-6 所示。内压及侧压分别采用专用乳胶膜实现冻结壁与液压油的隔离，将乳胶膜和试验台组成的密闭空间作为压力加载腔。

　　模型中竖向压力为自模拟，由试验台反力架限制作为位移边界条件，并提供反力。同时可在试验台内部布设压力盒或柔性薄膜传感器，实现试验台顶、底面接触压力的测量。

(a)加载装置

(b)伺服控制柜

(c)内压乳胶膜

(d)围压乳胶膜

图 9-6　液压伺服加载系统

9.3.3　制冷与温度控制系统

　　制冷与温度控制系统主要由制冷与控温设备、冻结管、集液圈与散液圈等组成。

1. 制冷和控温设备

　　制冷与控温设备采用杭州雪中炭恒温技术有限公司生产的高低温恒温液浴循环装置。该装置以低挥发度工业酒精作为传热工质，内置循环泵供液，实现温度在-40～90℃可调，温度波动范围±0.1～0.5℃，满足试验要求。制冷设备的主要性能指标见表 9-3。

表 9-3　恒温装置性能指标

型号		XT5706 –R70e	XT5704LT-R40	XT5704LTR50
内胆尺寸	mm	610W×325D×350H		
温度范围	℃	−70～90	−40～90	−50～90
温度波动度	℃	±0.1～0.5(依工作介质和应用而异)		
设置/显示分辨率	℃	0.1/0.1		
加热功率	W	3000	2000	
制冷量@20℃室温	20℃	1600	1800	2000
	0℃	1300	1200	1400
	−20℃	W	1100	600	750
	−40℃	800	100	200
循环泵最大压力	bar	1.0		
压力循环泵	压力　bar	0.6		
	流量　L/min	17		
内胆材料		304 不锈钢		
外壳材料		优质冷轧钢板静电喷涂		
工作方式		连续		
辅助功能		数显温度校正，传感器异常保护和报警，高温保护和低温报警，高压保护，停电恢复		
电　源		AC220V±10%, 50Hz		

　　模拟试验共三圈冻结管，每圈冻结管采用统一的集液圈和散液圈，并由一台独立的恒温设备供液，试验中的制冷设备如图 9-7 所示。

图 9-7　制冷设备

2. 冻结管

　　原型冻结系统采用的冻结管直径为 127～159mm，按照相似准则，模拟试验中冻结管直径为 6.35～7.95mm。考虑实际取材方便和保证冻结冷量，模拟试验采用直径 10mm 的无缝钢管作为冻结管。根据相似原理，三圈冻结管圈径及根数分别为 0.725m(24 根)、0.880m(24 根)、1.125m(48 根)，模型中冻结管如图 9-8 所示。

图 9-8　模拟试验冻结管

冻结管集液圈与散液圈要满足积极冻结期流量需求，在高压作用下应具有良好的工作性能，试验采用直径 20mm 的无缝钢管制作。

9.3.4　测试系统

测试系统是保证试验获得准确试验数据的关键。试验中需量测的物理量有温度、压力、变形等。根据试验要求，最终获得冻结壁主界面温度场、竖向和侧向荷载、冻结壁暴露段高内位移等数据。所需测点数量近 100 个，所有测点与 DT515 数据采集仪相连，并按照计算机设定的采集程序进行自动测量。

1. 压力量测

试验中压力量测包括两部分：加载系统的压力监控与冻结壁压力量测。通过与内压、围压加载腔相连的 ZY-2C 液压传感器与加载系统的可视化界面，可进行压力数据的实时传输、记录与控制。ZY-2C 液压传感器量程 30MPa，综合精度 0.05%～0.1%FS，灵敏系数 1～1.2mV/V，使用温度–20～70℃。冻结壁中压力采用振弦式 BY-3 型土压力盒量测，对压力盒引线穿过试验台部分，做好密封处理及保护，防止台体渗漏。

表 9-4　土压力盒标定结果

传感器编号	回归方程	相关系数(R^2)	量程(MPa)
235#	$y=135.648x+0.091$	0.9999	10
89#	$y=133.945x+0.364$	0.9999	10

续表

传感器编号	回归方程	相关系数(R^2)	量程(MPa)
115#	$y=158.255x+0.818$	0.9999	10
136#	$y=138.018x+0.273$	0.9999	10
214#	$y=135.282x-0.045$	0.9999	10
155#	$y=106.200x-0.272$	0.9999	10

2. 变形量测

冻结壁的径向变形采用高精度应变式位移传感器量测。位移传感器量程为 20 mm，灵敏度 5.3～5.5 mV/V，适用温度范围–50～50℃。位移传感器在使用前，采用位移计标定架进行标定，标定结果见表 9-5。

表 9-5　位移计标定结果

传感器编号	回归方程	相关系数	量程(mm)
070201(A)	$y=-479.95x-521$	0.9998	30
070201(B)	$y=502.1x+496.67$	0.9998	30
070201(1#)	$y=37.8x+113.93$	0.9995	15
070201(2#)	$y=40.637x-86.083$	1.0000	15
070201(3#)	$y=-40.067x-230.02$	0.9995	20
070201(4#)	$y=39.458x-65.333$	0.9993	20
1#	$y=-9.2857x-299.76$	0.9993	60
2#	$y=-8.32x-455$	0.9979	60
3#	$y=-28.124x-388.9$	0.9982	50
4#	$y=-27.448x-419.48$	0.9992	50
5#	$y=-50.957x+158.29$	0.9962	40
6#	$y=-55.271x-426.48$	0.9980	40

位移传感器通过自行研制的专用卡箍固定在内压室内壁上，受内压室空间限制，位移传感器共布设 2 组，每组 3 个测点。位移计安装时应与拟开挖工作面接触紧密，并保证传感器有充足的变形余量，保证变形全程数据能够准确量测。位移传感器如图 9-9 所示。

3. 温度量测

试验土体中(包括冻结壁内)温度的采集利用铜–康铜热电偶(以下简称"热电偶")。为确保试验的顺利进行和数据的准确、可靠，试验前对单点热电偶和热电偶串进行密封处理和标定。

(a) 内压室位移传感器

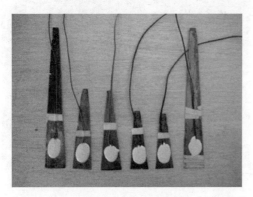

(b) 1#～6#位移传感器

(c) 070201 型位移传感器

图 9-9　位移传感器

　　温度测试的目的是监测多圈冻结作用下深土冻结壁形成、发展过程，从而获得诸如交圈时间、冻结壁厚度、特征面温度特征以及与冻结时间相互关系等。因此，温度测点主要在冻结管的共主面、界主面上布置，同时监测集液圈、散液圈进出口温度和井帮温度。温度测点布置在有效试验高度的中间层位。共主面和界主面上测点布置间隔 5cm，三圈冻结管环面上两个冻结管之间等间隔布置 2 个测点，共布设 52 个温度测点。温度测点布置如图 9-10 所示。

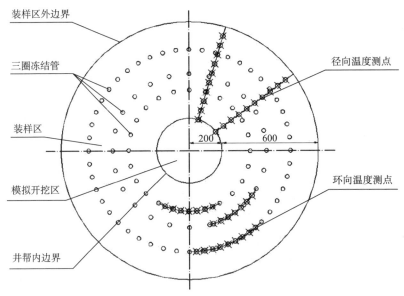

装样区外边界

三圈冻结管

装样区

模拟开挖区

井帮内边界

径向温度测点

200   600

环向温度测点

(a) 温度测点布置示意(单位: mm)

(b) 温度数据采集

(c) 热电偶埋设

图 9-10   温度测点布置平面图

9.4 试 验 方 案

9.4.1 试验材料

试验土样与第 2~6 章中深部冻土基本力学性质实验所用土样相同。土样基本土工参数见第 2 章,主要热物理学参数见表 9-6。受土中含盐量及土体赋存深度影响,表 9-6 中试验土样具有较低的结冰温度,–3.1℃。实测冻胀率≤3.5%,属于弱冻胀土。

9.4.2 试验安排

考虑研究问题的关键和重点,试验的可行性,确定进行两组试验。另外,在试验 2 中再安排 3 种模型进行冻结温度场试验。试验周期约为 3 月/组。具体试验安排见表 9-7。

表 9-6　热物理学参数

参数		单位	数量	备注
平均干容重		g/cm³	1.78	
密度		g/cm³	2.01	
平均含水量		%	16.41	
塑限		%	20.7	
液限		%	46.7	
冻胀量		mm	2.52	冷端-10℃、冻胀率 3.15%
冻胀力		MPa	0.105	冷端-15℃
		MPa	0.077	冷端-10℃
结冰温度	w=16.37%	℃	-3.1	
	w=20.72%	℃	-1.25	
导热系数	融化状态	W/mK	1.356	
	冻结状态	W/mK	1.777	-10℃
比热容	融化状态	kJ/(kg·℃)	0.849	
	冻结状态	kJ/(kg·℃)	0.760	

表 9-7　试验安排

编号	冻结管圈数	侧向压力/ MPa
1	三排冻结管	4.8
2		7.2

9.4.3　试验步骤

试验所需的各项准备工作就绪后，按以下步骤进行试验，保证试验结果的可靠性：

(1) 土样准备，按照事先确定含水量配好土样，搅拌均匀，密封保存 24h 以上。

(2) 进行试验制冷系统、压力系统和数据采集系统调试与初步安装，标定相关传感器。

(3) 安装内压室乳胶膜及位移传感器，调试内压室充液是否正常。

(4) 连接好冻结管和集、供液圈出口温度以及底板压力量测传感器，冻结管冷浴循环试运行正常。

(5) 安装外侧挡土板、填土，保证土样密实度和含水量。采用分层填筑逐层夯实的办法，并在土体中指定位置安装热电偶和压力盒等测试元件。

(6) 安装侧压乳胶膜并密封试验台(图 9-11)，安装反力架。施加侧压至模拟地层的水平压力，开始相关试验数据采集。

(7) 在预压固结稳定后，启动制冷设备冻结，同时开始采集温度数据，监测冻结壁温度演变。冻结过程中，围压采用负荷控制方式，保持试验设计压力恒定。内压室采用变形控制方式，保持径向变形，模拟未开挖土体。

(8) 待冻结壁的温度达到试验要求的指标后，进入维护冻结期。围压仍保持不变，卸内压，模拟开挖，测量冻结壁径向位移。待达到试验时间——12h 或冻结壁破坏时，停止试验。

(9) 拆除试验土体并准备下一组试验，并及时进行试验数据整理。将试验土体分层填筑分层夯实后，开始组装密封试验台，分别向内、围压加载腔注入液压油，对试验土体进行预压固结。

试验过程中发现，即使按照最佳含水量来配制土样，采用人工夯实的方法依然难以达到预期的土样密实程度，在加载初期土样变形较大，给试验密封带来了很大的困难。因此，实际操作中尝试采用"二次填土"的办法，即土体经过分层填筑夯实后，组装试验台，利用试验台侧压(1～2MPa)对土样进行压密固结。在侧向压力作用下，待土样变形基本稳定后，拆开试验台进行二次填筑土体并夯实，随后正式开始试验。上述做法虽然增加了试验时间，但是却有效防止由于土样预压固结过程中产生的过大变形造成试验密封失效问题。

图 9-11　乳胶膜安装

9.5　冻结壁温度场

在试验 2 中通过改变冻结管排间距和管间距，模拟不同冻结参数条件下冻结温度场，对比分析结果得出冻结管参数对冻结温度场的影响，见表 9-8。为验证冻结管管间距与冻结壁平均温度的关系，模型二减小了冻结管管间距，增加了中间冻结圈冻结管数量。为验证冻结管排间距与冻结壁厚度的关系，模型三增大了冻结管之间的排间距。

表 9-8　冻结管参数

冻结系统参数		原型	模型一	模型二	模型三
圈径(m)	外	22.5	1.12	1.12	1.2
	中	17.6	0.88	0.88	0.92
	内	14.5	0.72	0.72	0.72
管间距(m)	外	1.5	0.073	0.073	0.078
	中	2.2	0.115	0.076	0.121
	内	1.9	0.094	0.094	0.094

续表

冻结系统参数		原型	模型一	模型二	模型三
冻结管数	外	46	48	48	48
	中	23	24	36	24
	内	23	24	24	24
冻结管高度(m)		483/543	0.38	0.38	0.38

内、中、外三圈冻结管进出口冷媒剂实测温度分别如图 9-12、图 9-13、图 9-14 所示。

同时单点测量的还包括井帮温度，井帮温度是冻结壁温度场的重要指标，因此，试验在井帮不同方向布置两个单点热电偶测量井帮温度，结果如图 9-15 所示。

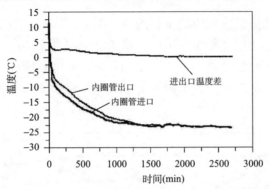

图 9-12　内圈管循环酒精进出口温度

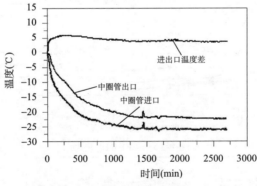

图 9-13　中圈管循环酒精进出口温度

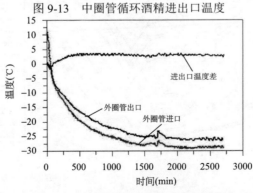

图 9-14　外圈管循环酒精进出口温度

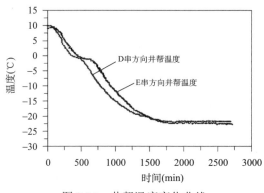

图 9-15　井帮温度变化曲线

特征面温度是冻结壁温度场中最主要的特征指标，它决定着冻结壁厚度、平均温度，进而影响冻结壁的整体强度与稳定。因此，试验着重注意在特征面埋设热电偶串，从井帮离井心 0.2m 处径向布置 10 点一串的热电偶两串，一串测量共主面径向温度，另一串测量界主面径向温度，从测量数据中提取重要时间点绘制特征面温度随时间变化图，如图 9-16 和图 9-17 所示。

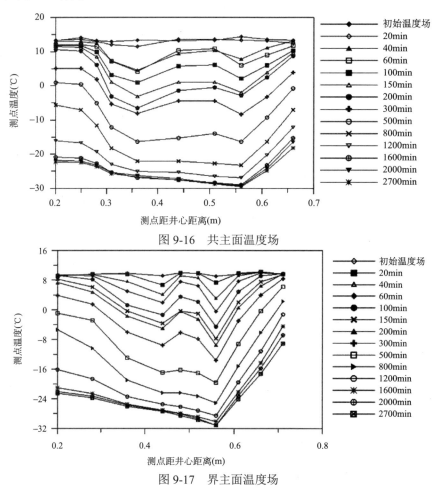

图 9-16　共主面温度场

图 9-17　界主面温度场

　　环向温度场是冻结管环向测点测定的温度曲线，从曲线中可以直观看出冻结管间环向交圈时间，以及环向温度场随时间的变化情况。图 9-18、图 9-19、图 9-20 分别是内、中、外三圈冻结管环向温度场随时间变化而变化的曲线。由图 9-18、图 9-19、图 9-20 可以看出：

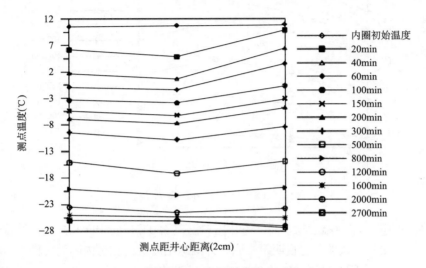

图 9-18　内圈环向温度

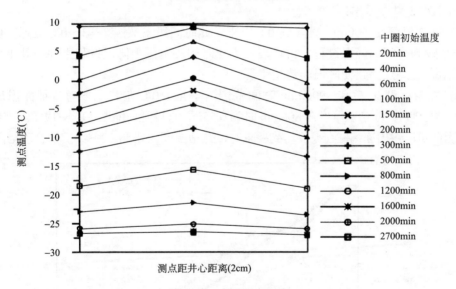

图 9-19　中圈环向温度

　　(1) 三圈冻结管进出口温度自冻结开始呈现降低趋势，内圈管和中圈管进出口温度在 1100min 时基本达到稳定，内圈管进、出口温度均为–22℃，中圈管进口温度为–25℃，出口温度为–21℃。而外圈管进、出口温度在 1500min 时才达到稳定，进口温度为–26℃，出口温度为–24℃。外圈管达到稳定的时间比中圈管和内圈管迟约 400min，说明外圈管——主冻结圈承担的冻结土体冷负荷较大。

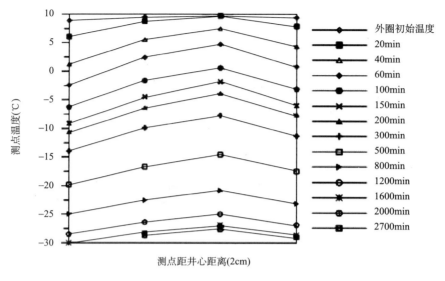

图 9-20　外圈环向温度

(2) 内圈管进、出口温度稳定后，进、出口温差为 0℃，而中圈和外圈冻结管进、出口稳定温差为 3～4℃。该现象也说明了中圈和外圈冻结冷负荷相对内圈而言偏大。稳定后内圈冷负荷较小，而中圈和外圈此时仍需要一定的负荷来维持冻结温度场现状，即维护冻结。

由图 9-15 可以看出：

(1) 井帮温度在 500min 时降到 0℃以下，此时间段 E 测点在–3～0℃范围在曲线上出现一个较为平缓的降温过程，可以理解为该时间段范围内降温过程中井帮处土体水分结冰放出大量潜热，致使降温趋势变平缓。

(2) 井帮温度在 700～900min 时间范围内降至–10℃左右，参考特征面温度曲线图 9-16、图 9-17，冻结壁厚度在 800min 时为 0.55m，乘以几何缩比 20，对应实际冻结壁为 11m，因此可以得出冻结壁在厚度达到要求时，井帮温度也处于–12～–8℃的合理范围内。

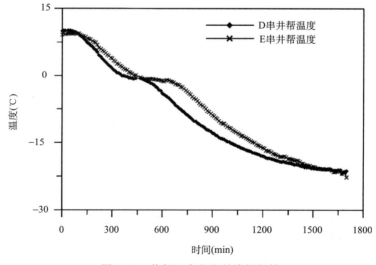

图 9-21　井帮温度稳定前降低规律

(3) 冻结壁在 1700min 中以前大致呈线性下降趋势，每分钟冻结壁井帮温度大概下降 0.02℃。经过对井帮温度曲线线性拟合回归得到井帮温度随时间变化的函数：

$$T = -0.021t_1 + 10.32 \tag{9-18}$$

式中，T 为井帮温度，℃；t_1 为冻结时间，min。

(4) 井帮温度在 1700min 时大概稳定在 –20℃。

由图 9-16、图 9-17 可以得出：

(1) 共主面内圈管和外圈管之间的部位在 180min 时温度降至结冰温度，表明三圈管之间的环状冻结锋面两两开始相交，乘以时间缩比 1：400，即对应原型交圈时间 50d。界主面中圈管和外圈管之间的部位在 120min 时温度降至结冰温度，表明中圈管和外圈管环状冻结锋面开始相交。

(2) 共主面曲线中内圈管之间测点 90min 时到达结冰温度，该冻结锋面扩展至中圈管圈径位置，距离 4cm 耗时 40min。外圈管附近测点 120min 时到达结冰温度，冻结锋面扩展与中圈管圈径位置，距离 12cm 耗时 80min。界主面曲线中中圈管周围测点 80min 时到达结冰温度，外圈管周围测点 60min 时到达结冰温度，两圈冻结锋面相交，距离 12cm 耗时 60min。

(3) 根据图中曲线簇创建表 9-9。分析计算冻结壁厚度、冻结壁平均温度与时间的关系。

表 9-9　冻结壁温度场特征

共主面温度场			界主面温度场		
冻结时间(min)	冻结壁厚度(m)	冻结壁平均温度(℃)	冻结时间(min)	冻结壁厚度(m)	冻结壁平均温度(℃)
150	—	–2	150	0.22	–2
200	0.28	–4	200	0.28	–4
300	0.35	–6	300	0.32	–6
500	0.40	–10	500	0.45	–10
800	0.50	–15	800	0.50	–15
1200	>0.50	–17	1200	>0.50	–17
1600	>0.50	–19	1600	>0.50	–19
2000	>0.50	–20	2000	>0.50	–20
2700	>0.50	–21	2700	>0.50	–21

(4) 根据表 9-9 得出冻结壁平均温度随时间变化曲线和冻结壁厚度随时间变化曲线，如图 9-22、图 9-23 所示，冻结壁平均温度随时间呈对数关系，其函数表达式为

$$T = -7.92\ln t_1 + 38.91 \tag{9-19}$$

冻结壁厚度稳定之前随时间变化呈线性变化。冻结壁在 1600min 后基本趋于稳定，冻结壁平均温度下降到 –19℃，已经满足开挖要求，且随时间延长温度下降趋势减缓，因此可以将 1600min 作为积极冻结期，1600min 之后作为维护冻结期。

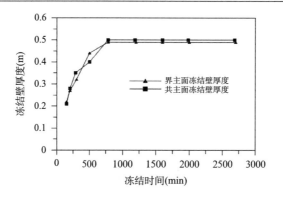

图 9-22　冻结壁厚度

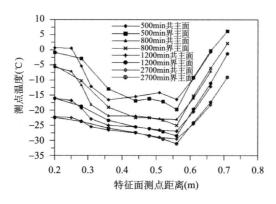

图 9-23　特征面冻结壁温度场

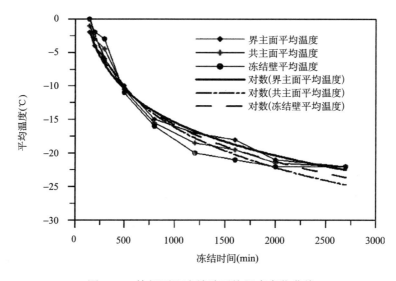

图 9-24　特征面及冻结壁平均温度变化曲线

(5) 对比共主面和界主面温度场随时间变化的曲线，如图 9-24 所示。发现两特征面温度场趋近于一致，在 2000~2700min 间接近相同。说明在冻结后期，冻结壁径向温度分布接近相同，不受角度位置影响。

　　(6) 由图 9-18、图 9-19、图 9-20 环向温度曲线可以得出，在 100min 时内、中、外各圈冻结管之间环向交圈。在 1200min 时温度场基本稳定，且温度与冻结管外壁温度持平。

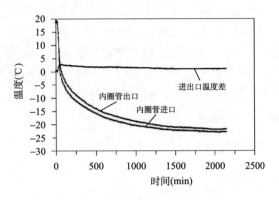

图 9-25　内圈管循环酒精进出口温度

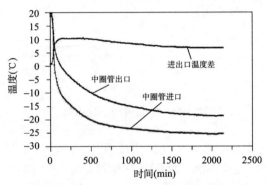

图 9-26　中圈管循环酒精进出口温度

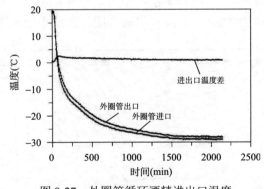

图 9-27　外圈管循环酒精进出口温度

9.6　冻结管间距对冻结壁温度场影响

9.6.1　减小管间距

　　模型二目的是分析冻结管间距变化对冻结温度场的影响。较模型一而言，冻结管各圈径没有变化，中圈管由 24 根改为 36 根，管间距比原型缩减 3.9cm。土样初始温度为 18.2℃，较第一组试验温度略高，其他冻结条件均与第一组试验相同，经过冻结 2200min，第二组试验结果如下：图 9-25、图 9-26、图 9-27 为冻结管内、中、外圈酒精进出口温度，由于中圈冻结管数量的增多，其负荷也随之增加，在中圈冷媒剂流量不变的情况下，进出口温度差较其他两圈有大幅增加，这说明冻结管增多使得中圈管冻结负荷增大。另外，进出口温度曲线在 1000min 时都接近平缓态势，说明积极冻结期已经基本完成，随之进入维护冻结期。图 9-28 为冻结壁井帮温度随时间变化曲线，井帮温度曲线在–3～0℃范围内趋于平缓，充分说明了相变潜热对降温过程的影响。

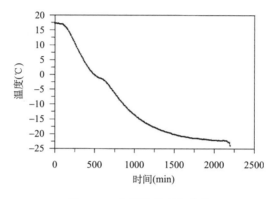

图 9-28　井帮温度变化曲线

图 9-29 为冻结壁界主面温度场变化。由图可知，三圈冻结管之间土体在 200min 时温度完全降至结冰温度，说明三圈管之间的冻结锋面相交，相对于模型一提早 50min，对应于原型冻结为 12d。冻结壁在 1200min 时平均温度降至–16℃，之后进入维护冻结期。而冻结壁厚度与模型一相比几乎没有变化，均为 0.55m 左右，即对应于实际工程 11m。说明冻结管管间距减小对加快冻结交圈有积极作用，而对于增加冻结厚度没有影响。

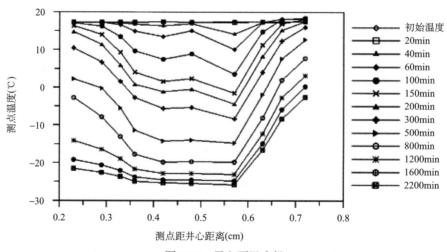

图 9-29　界主面温度场

　　冻结壁最终平均温度为–19.8℃，受气温影响比模型一稍高，说明增加中圈冻结管数量，减小管间距对于降低冻结壁平均温度作用微小，不建议在实际冻结工程中使用。

　　环向温度场是冻结管环向测点测定的温度曲线，每组环向热电偶串由三个测点组成，每个测点相距 2cm，布置在每圈冻结管之间的圆周上。图 9-30、图 9-31、图 9-32 分别是内、中、外三圈冻结管环向温度场随时间变化曲线。

　　(1)　在 200min 内圈和外圈环向三测点温度降至结冰温度，中圈环向提早 50min 左右，说明增加冻结管数量，减小管间距对于加快中圈冻结锋面交圈有明显的作用；

　　(2)　在环向温度曲线中，冻结壁降温也表现出先快后慢的趋势，与径向温度保持一致；

　　(3)　各圈环向温度都稳定在 –24℃左右，与冻结管外壁温度一致。

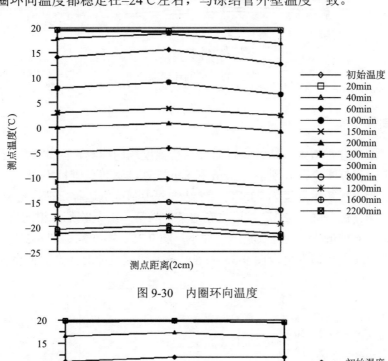

图 9-30　内圈环向温度

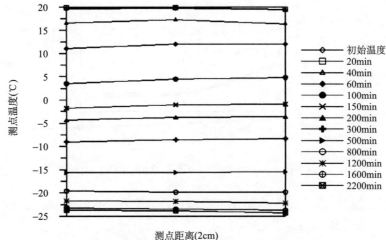

图 9-31　中圈环向温度

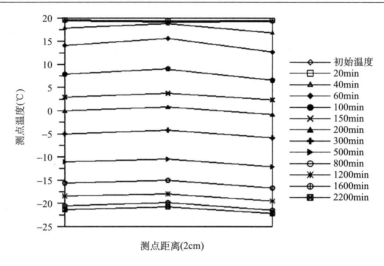

图 9-32　外圈环向温度

9.6.2　增大圈径

　　模型三目的是分析增大冻结管圈径对冻结壁温度场的影响，因此模型三较模型一而言，冻结管中圈和外圈直径分别增大 4cm 和 8cm，冻结管数量维持不变。受季节温度偏高的影响，试验土样初始温度为23.4℃，冻结过程中制冷机运行负荷也达到最大值，制冷量不足以将酒精温度降至–30℃。其他冻结条件与第一组试验条件相同。

　　经过冻结 2200min，第三组试验结果如下：图 9-33、图 9-34、图 9-35 分别为冻结管内、中、外圈酒精进出口温度。图 9-36 为冻结壁井帮温度随时间变化而变化的曲线。

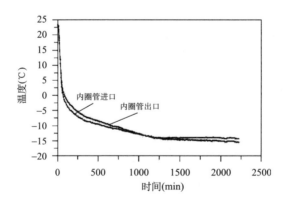

图 9-33　内圈管循环酒精进出口温度

　　(1) 冻结管进出口温度在冻结早期下降较快，然后在 500～1000min 间下降缓慢，1000min 之后，温度基本稳定。

　　(2) 受气温季节变化的影响，进出口温度最终稳定在–15℃左右，与前两组试验的–24℃相差较多，说明冻结制冷量决定着冷媒稳定和冻结壁最终温度场。

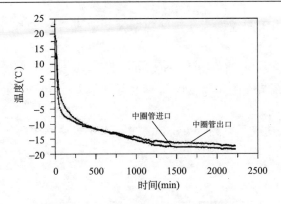

图 9-34　中圈管循环酒精进出口温度

(3) 井帮温度在 900min 以后降至结冰温度附近，较前两组试验推迟约 200min，对应于实际冻结工程为 50d，这是由于一方面受冻结管圈径增大的影响，另一方面受外界环境温度高和制冷量不足的影响。

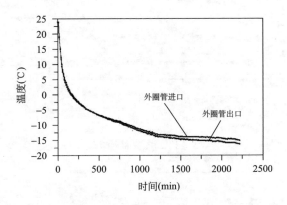

图 9-35　外圈管循环酒精进出口温度

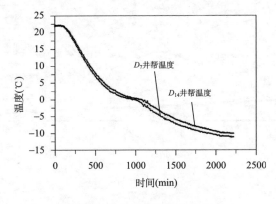

图 9-36　井帮温度变化曲线

模型三设置两串热电偶串埋设在共主面和界主面上，分别为 9 个和 12 个测点，每个测点间隔 5cm。图 9-37 和图 9-38 为冻结壁共主面和界主面温度场。

(1) 三圈冻结管由于圈径增大，排间距增大，造成各圈产生的冻结锋面交圈时间明显增加；

(2) 冻结壁三圈管之间土体温度在 500min 时降至结冰温度，较前两组试验时间有较大推迟，1600min 时冻结壁径向温度场基本达到稳定，冻结壁平均温度约为–12℃，较前两组冻结壁平均温度高；

(3) 2000min 时冻结壁厚度约为 0.65m，对应于实际冻结工程为 13m，比前两组试验增加了近 0.1m，对应于实际冻结工程为 2m。说明冻结管圈径增大对于增加冻结壁厚度有明显的作用。

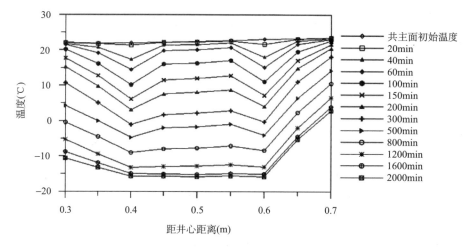

图 9-37　共主面温度场

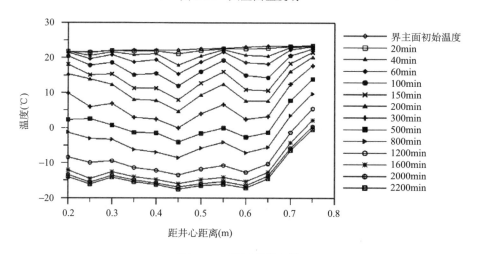

图 9-38　界主面温度场

本组试验分别在内、中、外三圈环向埋设 3 个、5 个、6 个热电偶测点，每个测点间隔 2cm，图 9-39、图 9-40、图 9-41 分别是内、中、外三圈冻结管环向温度随时间变化而变化的曲线。可以看出：受气温升高和冻结圈径增大引起冻结管间距增大的影响，内、中、外三圈冻结管同圈径交圈时间为 500min，比前两组试验时间推迟。环向最终土体温度约为–18℃，与冻结管进出口温度一致。

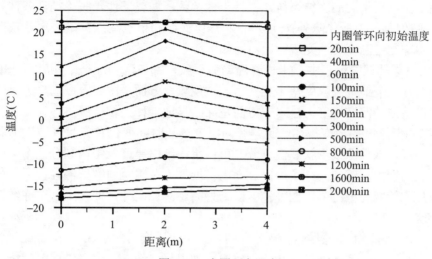

图 9-39 内圈环向温度

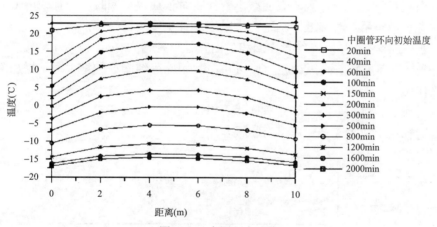

图 9-40 中圈环向温度

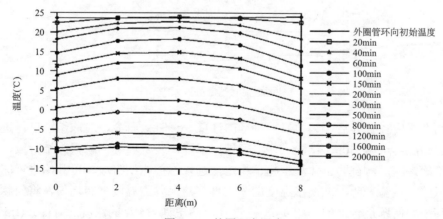

图 9-41 外圈环向温度

9.6.3　对比分析

三组试验利用不同的冻结系统，保持土样参数、加载条件、制冷循环条件等冻结影响因素不变(但是气温变化除外)，通过自制热电偶串和单点测点精确采集并获得三圈管冻结过程中冻结壁温度场演变规律，对比如下：

(1) 三组冻结试验过程中，土样降温趋势一致，都表现为冻结早期降温速度明显快于中、晚期，相变前降温幅度快于相变后。该现象一方面是由于温度场形成早期单位距离温差大，造成的温度梯度大；另一方面是冻结早期未释放相变潜热。

(2) 冻结壁温度场演变规律一致，径向温度场随时间变化首先呈现波浪形曲线，最终为梯形曲线，依据曲线形状和温度分布可以将冻结壁厚度范围内划分三个区域：向内扩展区、冻结壁内核区和向外扩展区。向内扩展区为井帮至内圈管圈径位置，内核区为内圈管至外圈管圈径范围内，向外扩展区为外圈管圈径向外延伸 0.1m 至冻结锋面。如图 9-42 所示。

(3) 减小冻结管距离冻结试验中，中圈管间距较原模型减小 3.9cm，冻结过程中，中圈环向交圈和各圈之间冻结锋面相交都较原模型提早 50min，但冻结壁温度场稳定后温度较原模型没有明显下降。因此表明减小管间距对于加快交圈时间，加快降低冻结壁内核区温度有积极作用，对降低冻结壁整体温度没有明显效果。

(4) 增大冻结管圈径，冻结管中圈和外圈直径分别增大 4cm 和 8cm，冻结管数量维持不变，冻结壁厚度较前两组试验增加约 0.1m。因此冻结圈径的增大对于增加冻结壁厚度有积极作用。

通过对比试验可知，减小冻结管间距可以加快冻结降温和提前冻结交圈时间，而增大冻结管圈径对于增大冻结壁厚度有积极作用。

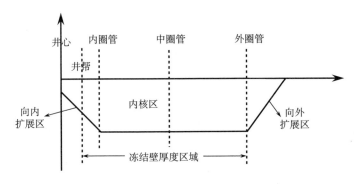

图 9-42　冻结壁分区示意

冻结壁温度场试验后，为更好地进行冻结壁变形时效研究，对冻结温度场进行再分析。自开始冻结至第 30h，试验土体温度迅速下降，此阶段称为积极冻结阶段，为冻结壁形成阶段。随后，试验土体温度趋于稳定，进入维护冻结阶段，可开始进行冻结壁力学特性试验。试验表明，冻结壁温度场在垂直方向上各点温度分布均匀，将问题简化为有限段高平面问题是合理的。图 9-43 径向 B 串热电偶 B5 点的温度历时曲线(B5 点距井帮约 350mm)，图 9-44 为冻结壁形成温度稳定后冻结壁主面的温度分布。

以围压 7.2 MPa 结果为例，冻结 36h 后，冻结管圈径范围内各点温度均达到–25℃，井帮温度也已降至–15℃。以高围压下黏土的结冰温度–2℃考虑，此时模型的冻结壁厚度为 500mm，转化为原型冻结壁厚度为 10.0 m。冻结壁的平均温度经过近似计算为–19.8℃，模型冻结壁温度场与冻结壁厚度达到预期效果，可在此基础上进行冻结壁的开挖模拟。围压 4.8 MPa 时具有相似的温度场规律，经计算冻结壁平均温度为–14.0℃。

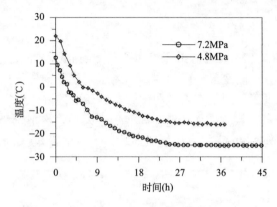

图 9-43　B5 温度历时曲线

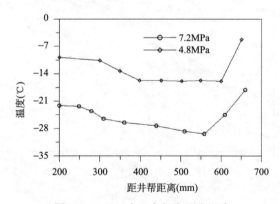

图 9-44　45h 时 B 串径向测点温度

9.7　冻结壁蠕变特性

深土冻结壁位移与动态演化是制定与控制掘进段高与冻结壁暴露时间，评价冻结管安全与混凝土井壁稳定的关键物理量，也是温度梯度诱导的冻土非均质机制与其力学响应研究的重要手段。

相似模型试验数据中，模型冻结壁径向变形以向模型中心发展记为"+"，反之记为"–"。U_{r1}，U_{r2}，···，U_{r01A}，$U_{r01\#}$ 分别表示内压室井帮 1#，2#，···，070201(A)，070201(1#) 位移传感器的量测结果。各传感器环向间隔布置在冻结壁开挖面不同高度处，表 9-10 为各位移传感器位置距开挖面上端距离。

表 9-10　位移传感器位置

传感器编号	1#	2#	3#	4#	5#	6#
距顶端距离(cm)	22	8	13	17	10	20
传感器编号	070201(A)	070201(B)	070201(1#)	070201(2#)	070201(3#)	070201(4#)
距顶端距离(cm)	16	16	7.5	7.5	12.5	12.5

1. 冻结壁径向变形随时间变化

图 9-45 是侧压为 7.2 MPa 时，据开挖面顶端 16cm 位置处各点径向变形曲线。由图中可知，两点的冻结壁径向变形规律相同，当内压室从径向位移控制突然卸荷，模拟井筒开挖，冻结壁在高围压作用下产生径向位移。开始阶段冻结壁径向变形随时间增加较快，在 2.0h 之后逐渐趋于稳定，冻结壁径向变形进入稳定变形阶段。模型冻结壁中量测到的最大径向变形量为 2.47mm，按相似原理转换为原型为 49.4mm。

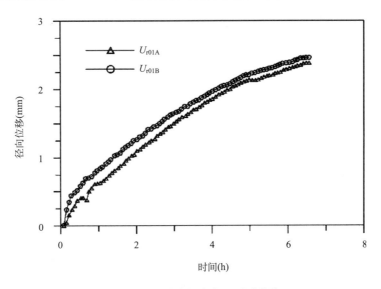

图 9-45　冻结壁径向变形历时曲线

与深部冻土试块尺度试验结果类似，结构尺度冻结壁在不同侧压作用下，井帮径向变形与时间的关系可用幂函数表示

$$U_{\text{shaft}} = A' \cdot P_0^{B'} \cdot t^{C'} \tag{9-20}$$

式中，A' 为试验系数，$\text{MPa}^{-B}\text{h}^{-C}$；$B'$ 为压力试验指数；C' 为时间试验指数。回归试验系数列于表 9-11。

由回归结果可得：①黏土冻结壁径向变形压力指数为 1.22～1.50，平均值为 1.36；②时间指数为 0.65～0.62，平均为 0.635；③在试验条件下，冻结壁平均温度的高低对时间指数的影响不大。

表 9-11　试验系数

试验号	侧压(MPa)	平均温度(℃)	A' (MPa^{-B}h^{-C})	B' (MPa)	C'
1	4.8	−14.0	1.323	1.217	0.650
2	7.2	−19.8	1.523	1.500	0.618

　　试验表明，当变形时间为 1.0～2.0h 以后，冻结壁的变形基本上进入稳定阶段，并维持很长一段时间。因此，由式(9-20)可得冻结壁在稳定变形阶段中的流动方程

$$V_{\text{shaft}} = C' \cdot A' \cdot P_0^{B'} \cdot t^{1-C'} \tag{9-21}$$

　　由式(9-21)可求得稳定流动状态下某段时间内冻结壁径向变形量。图 9-46 是冻结壁径向变形速率曲线，侧压 7.2MPa。从图中可以看出，冻结壁各点径向变形速率曲线变化规律相似，在模拟开挖初期，冻结壁瞬时变形速率较快，试验数据显示经相似转换后的最大径向变形速率 29.4mm/h，其中由于冻结壁开挖瞬时的弹性变形释放影响，结果较一般实测结果偏大。随着冻结壁变形时间的延长，变形速率逐渐降低，并趋于稳定，经相似转换后的冻结壁径向变形速率约为 3.4mm/h，冻结壁变形稳定。

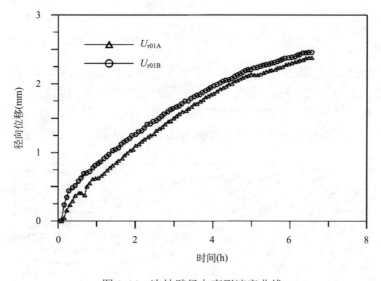

图 9-46　冻结壁径向变形速率曲线

　　上述分析表明，冻结壁井帮径向变形(结构尺度)具有与冻土蠕变(试块尺度)相同的变化规律，变形曲线可分为两个阶段：初期的快速变形阶段(不稳定变形阶段)和中期的稳定变形阶段，其中稳定变形阶段将经历相当长一段时间。

2. 冻结壁径向变形沿段高分布

　　根据 1#～6#位移传感器数据绘制冻结壁开挖面内距顶面不同位置处的径向变形曲线，如图 9-47 所示(侧压 7.2MPa)。冻结壁径向变形在开挖段高内对称分布，由于模型开挖段高上下两端为位移固定约束，其径向变形为 0。卸荷后，各测点径向变形发展迅速。

至暴露 1.0h 时，最大径向变形量 1.7mm，转换为原型为 34mm，约占总蠕变变形量 70%(试验终止时间约为 7.0h)。随着暴露时间的增加，冻结壁径向变形速率最终趋于稳定，而各点径向变形则随时间稳定增加，冻结壁径向变形最大值在段高中部略偏上。

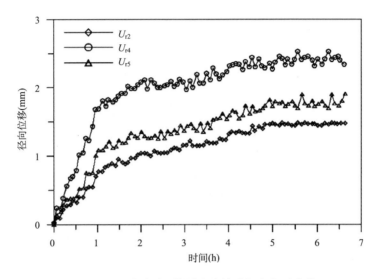

图 9-47　　距顶面不同位置处冻结壁径向变形曲线

图 9-48 为据开挖面顶端不同高度处井帮径向变形曲线(侧压 7.2MPa)。在变形初期，冻结壁井帮径向变形量沿开挖面呈现中间大两端小的对称分布，且环向各点径向变形规律趋于一致。随时间推移，各测点变形量不断增加，在冻结壁井帮径向变形表现出时间差异性的同时，同一高度不同方位的位移测点变形也并不均匀，表现为非对称的三维变

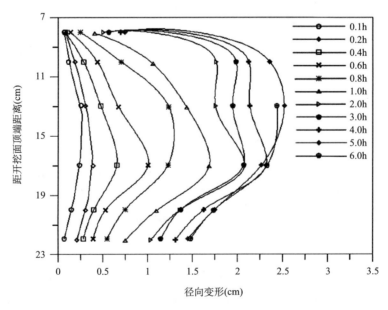

图 9-48　　距开挖面顶端不同位置径向变形曲线

形状态。试验结果表明，深厚表土层中冻结壁变形特性受时间因素和空间因素的共同作用，冻结壁径向变形表现出显著的时空差异性。

在实际冻结工程中，深厚表土层中冻结壁冻土强度和温度分布的非均匀性以及由于冻结管偏斜造成的冻土帷幕形状的不规则，决定了冻结壁受力与变形的复杂程度，因此必须重视冻结壁变形的时空效应。在深厚表层中进行冻结法凿井设计与施工，应综合考虑空间因素和时间因素，采取措施控制冻结壁变形，保持冻结壁稳定。

3. 冻结壁径向变形与侧压关系

蠕变时间相同、侧向压力不同形成的冻结壁径向变形曲线如图 9-49(a)所示。随冲积层深度逐渐增大，冻结壁侧向受到的水平地压作用不断增大，从而造成冻结壁径向变形增加。图 9-49(b)为不同围压下径向变形比随时间变化曲线，当深度较浅时，冻结壁快速变形阶段速率较小，变形稳定所需的时间较短，冻结壁变形随时间衰减较快，随着深度(侧向压力)的增加，冻结壁径向变形随时间逐渐表现出非衰减特性。因此，在深厚表土冻结凿井工程中，随着表土深度的增加，冻结壁的流变特性愈加显著。

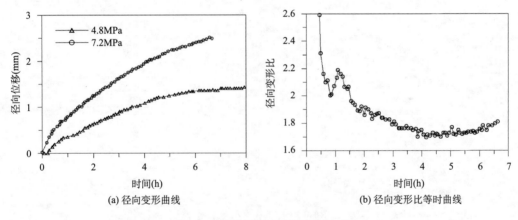

(a) 径向变形曲线　　　　　　　　　(b) 径向变形比等时曲线

图 9-49　冻结壁径向变形等时曲线

9.8 小　　结

本章通过自主研制的多功能非均质厚冻结壁整体力学特性物理模拟实验系统，研究深厚表土中三圈管冻结过程和非均质冻结壁蠕变特性，依据相似理论推导相似准则，确定模型和冻结原型的相似缩比，建立物理模型，按照先加载、后冻结、再开挖的深部冻土实验方法，获得了深土冻结壁温度场和变形场的演变规律与特征。

(1) 获得冻结壁中共主面、界主面和三圈环向等主要特征面温度随时间变化曲线，获得冻结壁厚度 11m，平均温度 –21℃，井帮温度 $T = -0.021t_1 + 10.32$，冻结壁平均温度 $T = -7.92\ln t_1 + 38.91$ 等重要参数。

(2) 获得冻结壁温度场在圈径和管间距改变后的演变规律。减小管间距模型交圈较原模型提前 12d，冻结壁厚度 11m，而增大圈径受参数改变和气温原因交圈推迟近 50d，冻结壁厚度增加至 13m，冻结管圈径是影响冻结壁厚度的主要控制因素，冻结管管间距对加快冻结有积极作用。

(3) 深土冻结壁井帮径向位移(结构尺度)与冻土蠕变(试块尺度)变形具有相同的规律，可划分为冻结壁暴露初期的快速变形阶段和暴露中期的稳定变形阶段，其中稳定变形阶段历时较长，且随着荷载水平的提高，逐渐表现出非衰减特征。

(4) 深土冻结壁井帮径向变形与侧向压力和时间关系可用幂函数表示，冻结壁径向位移压力指数为 1.22～1.50，平均值为 1.36；时间指数为 0.65～0.62，平均值为 0.635。

(5) 深土冻结壁井帮径向变形表现出明显的时间与空间差异性。在深厚表土中应用冻结法进行井筒建设，应充分认识到冻结壁变形的时空效应对冻结壁稳定性的影响。

(6) 深土冻结壁的变形量较大，且随着表土深度的增加，表现出显著的非衰减特性，设计与施工过程中应以深部黏土层为控制层，采取措施防止因冻结壁瞬时或蠕变变形过大而造成冻结管断裂和冻结壁失稳等事故。

主要参考文献

蔡中民, 朱元林, 张长庆. 1990. 冻土的粘弹塑性本构模型以及材料参数的确定[J]. 冰川冻土, 12(1): 31-40.

常小晓, 马巍, 王大雁. 2007. 高围压下冻结黏土的抗压强度试验研究[J]. 冰川冻土, 29(4): 636-638.

常小晓, 马巍, 吴紫汪, 等. 1996. 三轴条件下冻土的弹性模量[C]//中国地理学会冰川冻土分会. 第五届全国冰川冻土学大会论文集. 兰州: 甘肃文化出版社: 779-782.

陈瑞杰, 程国栋, 李述训, 等. 2000. 人工地层冻结应用研究进展和展望[J]. 岩土工程学报, 22(1): 40-44.

陈湘生. 1995. 我国人工冻结黏土蠕变数学模型及应用[J]. 煤炭学报, 20(4): 399-402.

陈远坤. 2006. 深厚冲积层井筒冻结压力实测及分析[J]. 建井技术, 27(2): 19-21.

崔广心. 1989. 冻结法凿井的模拟试验原理[J]. 中国矿业大学学报, 18(1): 59-68.

崔广心. 1997. 厚表土层湿土结冰温度与冻结壁厚度确定的研究[J]. 中国矿业大学学报, 26(3): 1-4.

崔广心. 1998. 深土冻土力学——冻土力学发展的新领域[J]. 冰川冻土, 20(2): 97-100.

崔广心, 卢清国. 1992. 冻结壁厚度和变形规律的模型试验研究[J]. 煤炭学报, 17(3): 37-47.

崔广心, 杨维好, 吕恒林. 1998. 深厚表土层中的冻结壁和井壁[M]. 徐州: 中国矿业大学出版社.

崔托维奇. 1985. 冻土力学[M]. 张长庆, 朱元林译. 北京: 科学出版社.

何平, 程国栋, 杨成松, 等. 2002. 非饱和冻土的强度分析[J]. 冰川冻土, 24(3): 260-263.

何平, 程国栋, 朱元林. 1999a. 冻土黏弹塑损伤耦合本构理论[J]. 中国科学(D辑), 29(增1): 34-38.

何平, 朱元林, 常小晓. 1999b. 冻土的变形性能和泊松比[J]. 地下空间, 19(5): 504-507.

何平, 朱元林, 王文斌. 1998. 饱和冻结粉土扭转状态下应力应变分析[J]. 兰州铁道学院学报, 17(3): 29-33.

胡向东. 2002. 卸荷状态下冻结壁外载的确定[J]. 同济大学学报, 30(1): 6-10.

姜国静, 王建平, 刘晓敏. 2013. 超厚黏土层冻结压力实测研究[J]. 煤炭科学技术, 41(3): 43-46.

金龙, 赖远明, 高志华. 2008. 冻结砂土的损伤试验研究[J]. 冰川冻土, 30(2): 306-312.

荆留杰. 2009. 深厚表土多圈管冻结温度场试验和数值分析[D]. 徐州: 中国矿业大学.

李栋伟. 2005. 高应力下冻土本构关系研究及工程应用[D]. 淮南: 安徽理工大学.

李栋伟, 汪仁和, 胡璞. 2007. 冻黏土蠕变损伤耦合本构关系研究[J]. 冰川冻土, 29(3): 446-449.

李栋伟, 崔灏, 汪仁和. 2008. 复杂应力路径下人工冻砂土非线性流变本构模型与应用研究[J]. 岩土工程学报, 30(10): 1496-1501.

李栋伟, 汪仁和, 胡璞, 等. 2006. 冻土中锥形桩模型试验研究及有限元分析[J]. 岩土工程学报, 28(B11): 1529-1533.

李功洲. 1995. 深井冻结壁位移实测研究[J]. 煤炭学报, 2(20): 99-104.

李功洲. 2016. 深厚冲积层冻结法凿井理论与技术[M]. 北京: 科学出版社.

李功洲, 陈文豹, 熊翼翔. 1995. 冻结壁和外层井壁位移实测研究[C]//地层冻结技术工程与应用——中国地层冻结工程40年论文集. 北京: 煤炭工业出版社: 111-116.

李海鹏, 林传年, 张俊兵, 等. 2003. 原状与重塑人工冻结黏土抗压强度特征对比试验研究[J]. 岩石力学与工程学报, 22(增2): 2861-2864.

李海鹏, 林传年, 张俊兵, 等. 2004. 饱和冻结黏土在常应变速率下的单轴抗压强度[J]. 岩土工程学报, 26(1): 105-109.

李洪升, 刘晓洲, 刘增利. 2006. 冻土断裂力学破坏准则及其在工程中的应用[J]. 土木工程学报, 39(1):

65-69, 78.

李洪升, 刘增利, 张小鹏. 2004. 冻土破坏过程的微裂纹损伤区的计算分析[J]. 计算力学学报, 21(6): 696-700.

李洪升, 张小鹏, 朱元林, 等. 1995. 冻土断裂韧度 KIC 的测试研究[J]. 冰川冻土, 17(4): 328-333.

李昆, 王长生, 陈湘生. 1993. 三轴试验中深部冻土固结问题[J]. 冰川冻土, 15(2): 322-324.

李文平, 张志勇, 孙如华, 等. 2006. 深部黏土高压 K_0 蠕变试验及其微观结构各向异性特点[J]. 岩土工程学报, 28(10): 1186-1188.

李耀民, 姜振泉, 李秀晗, 等. 2008. 万福矿井深部人工冻结黏土层的力学性状[J]. 地球科学与环境学报, 30(3): 297-300.

李运来, 汪仁和, 姚兆明. 2006. 深厚表土层冻结法凿井井壁冻结压力特征分析[J]. 煤炭工程, 10: 35-37.

卢清国. 1988. 冻结壁变形规律的模拟试验研究[D]. 徐州: 中国矿业大学.

马金荣. 1998. 深层土的力学特性研究[D]. 徐州: 中国矿业大学.

马巍. 2000. 围压作用下冻土的强度与变形分析[D]. 北京: 北京理工大学.

马巍, 常小晓. 2001. 加载卸载对人工冻结土强度与变形的影响[J]. 岩土工程学报, 23(5): 563-566.

马巍, 吴紫汪. 1991. 人工冻结竖井中底鼓问题的弹塑性计算[J]. 冰川冻土, 13(3): 237-246.

马巍, 吴紫汪. 1993. 冻土的强度与屈服准则[J]. 冰川冻土, 15(1): 129-133.

马巍, 吴紫汪. 1994. 冻土的蠕变及蠕变强度[J]. 冰川冻土, 16(2): 113-118.

马巍, 吴紫汪, 常小晓. 2000. 固结过程对冻土应力-应变特性的影响[J]. 岩土力学, 21(3): 198-200.

马英明, 郭瑞平. 1989. 冻结凿井中冻结壁位移规律及影响因素的研究[J]. 冰川冻土, 3(11): 20-33.

马英明. 1979. 从井壁受力规律谈深井冻结井壁的结构和设计[J]. 中国矿业学院学报, (4): 59-74.

宁建国, 王慧, 朱志武, 等. 2005. 基于细观力学方法的冻土本构模型研究[J]. 北京理工大学学报, 15(10): 847-851.

齐吉琳, 马巍. 2010. 冻土力学性质及研究现状[J]. 岩土力学, 31(1): 133-143.

商翔宇. 2009. 不同应力水平深部粘土力学特性研究[D]. 徐州: 中国矿业大学.

沈忠言, 吴紫汪. 1999. 冻土三轴强度破坏准则的基本形式及其与未冻水含量的相关性[J]. 冰川冻土, 21(1): 22-26.

沈忠言, 吴紫汪, 张家懿. 1996. 冻结固结黏土的三轴强度特性[C]//中国地理学会冰川冻土分会. 第五届全国冰川冻土学大会论文集. 兰州: 甘肃文化出版社: 765-770.

沈珠江. 1998. 复杂荷载下砂土液化变形的结构性模型[C]//第五届全国土动力学学术会议论文集. 大连: 大连理工大学出版社: 1-10.

盛煜, 吴紫汪, 常小晓. 1996. 正弦变温过程中冻土蠕变变形初步研究[C]//中国地理学会冰川冻土分会. 第五届全国冰川冻土学大会论文集. 兰州: 甘肃文化出版社: 729-732.

盛煜, 吴紫汪, 朱元林, 等. 1995. 应用蠕变理论对冻土在增应力过程中蠕变规律的几何分析[J]. 冰川冻土, 17(增): 47-53.

史宏彦. 2000. 无黏性土的应力矢量本构模型[D]. 西安: 西安理工大学.

宋雷, 刘天放, 黄家会, 等. 2005. 冻结壁发育状况的地质雷达探测研究[J]. 中国矿业大学学报, 3(34): 143-147.

孙家学, 刘斌. 1995. 冻结壁原始冻胀力的分析与计算方法[J]. 东北大学学报(自然科学版), 16(3): 243-247.

孙建忠, 李建康. 2004. 冻土卸载力学特性及其对冻结胀力测试影响初探[J]. 兰州交通大学学报, 23(1): 49-52.

孙星亮, 汪稔, 胡明鉴. 2005. 冻土弹塑性各向异性损伤模型及其损伤分析[J]. 岩石力学与工程学报, 24(9): 3517-3521.

特鲁巴克. 1958. 冻结凿井法（下册）[M]. 北京: 煤炭工业出版社.

王博. 2009. 深厚表土层厚冻结壁蠕变特性试验研究[D]. 徐州: 中国矿业大学.

王大雁. 2006. 深部人工冻土力学性质研究[D]. 兰州: 中国科学院寒区旱区环境与工程研究所.

王大雁, 马巍, 常小晓. 2004. K_0 固结后卸载状态下冻土应力-应变特性研究[J]. 岩石力学与工程学报, 23(8): 1252-1256.

王大雁, 马巍, 王永涛, 等. 2016. 高压力作用下深部黏土冷却过程及其特征研究[J]. 岩土工程学报, (10): 1889-1894.

王建州. 2008. 深厚表土层中非均质厚冻结壁的力学特性研究[D]. 徐州: 中国矿业大学.

王文顺. 2007. 深厚表土层中冻结壁的稳定性研究[D]. 徐州: 中国矿业大学.

王秀艳, 唐益群, 臧逸中, 等. 2007. 深层土侧向应力的试验研究及新认识[J]. 岩土工程学报, 29(3): 430-435.

王衍森, 杨维好. 2003. 深部土人工冻土学特性的试验研究方法探讨[J]. 建井技术, 24(5): 33-35.

王衍森, 贾锦波, 冷阳光. 2017. 长时高压 K_0 固结再冻结黏土的卸围压强度特性[J]. 岩土工程学报, 39(9): 1636-1644.

王衍森, 薛利兵, 程建平, 等. 2009. 特厚冲积层竖井井壁冻结压力的实测与分析[J]. 岩土工程学报, 31(2): 207-212.

维亚洛夫. 1987. 土力学流变原理[M]. 北京: 科学出版社.

魏允伯, 赵军, 赵世全. 2001. 冻结井筒井帮温度与冻结壁厚度的关系[J]. 矿山压力与顶板管理, 3: 87-88.

翁家杰. 1991. 井巷特殊施工[M]. 北京: 煤炭工业出版社.

吴金根. 1987. 对冻结壁厚度计算公式的探讨[J]. 江苏煤炭, 3: 39-42.

吴紫汪, 马巍. 1994. 冻土强度与蠕变[M]. 兰州: 兰州大学出版社.

吴紫汪, 丁德文, 张长庆, 等. 1988. 冻结凿井冻土壁的工程性质[M]. 兰州: 兰州大学出版社.

吴紫汪, 马巍, 常小晓. 1997. 冻土蠕变变形特征的细观分析[J]. 岩土工程学报, 19(3): 1-6.

徐小丽, 高峰, 周清, 等. 2011. 高温后岩石变形破坏过程的能量分析[J]. 武汉理工大学学报, 33(1): 104-107.

徐学祖, 王家澄, 张立新. 2001. 冻土物理学[M]. 北京: 科学出版社.

徐志伟, 周国庆, 魏洲, 等. 2008. 深厚表土冻结壁厚度与深度关系的统计再分析[J]. 中国矿业大学学报, 37(6): 787-790.

杨更社, 张晶. 2003. 非均匀温度分布冻土墙围护深基坑开挖的有限元数值模拟[J]. 岩石力学与工程学报, 22(2): 316-320.

杨平. 1994. 深井冻结壁变形计算的理论分析[J]. 淮南矿业学院学报, 14(2): 26-31.

杨平. 1995. 两淮地区深厚黏土人工冻土学特性研究[J]. 淮南矿业学院学报, 15(3): 26-31.

杨平, 陈明华, 张维敏, 等. 1998. 冻结壁形成及解冻规律实测研究[J]. 冰川冻土, 20(2): 128-132.

杨平, 郁楚侯, 汪仁和. 1995. 冻结壁强度及其参数模拟试验研究[C]//地层冻结工程技术和应用——中国地层冻结工程 40 年论文集. 北京: 煤炭工业出版社: 6.

杨圣奇, 徐卫亚, 苏承东. 2006. 岩样单轴压缩变形破坏与能量特征研究[J]. 固体力学学报, 27(2): 213-216.

杨圣奇, 徐卫亚, 苏承东. 2007. 大理岩三轴压缩变形破坏与能量特征研究[J]. 工程力学, 24(1): 136-142.

杨维好. 1993. 深厚表土层中井壁垂直附加力变化规律的研究[D]. 徐州: 中国矿业大学.

杨维好, 杨志江, 韩涛, 等. 2012. 基于与围岩相互作用的冻结壁弹性设计理论[J]. 岩土工程学报, 34(3): 516-519.

姚孝新, 耿乃光, 陈颙. 1980. 应力途径对岩石脆性-延性变化的影响[J]. 地球物理学报, 23(3): 312-318.

尤春安. 1983. 非均质弹性冻结壁应力分析[J]. 煤炭学报, 2: 44-50.

尤春安. 1986. 非均质冻结壁弹塑性应力分析及厚度的计算[J]. 煤炭学报, 2: 82-90.

尤明庆, 华安增. 2002. 岩石试样破坏过程的能量分析[J]. 岩石力学与工程学报, 21(6): 778-781.

余群, 张招祥, 沈震亚, 等. 1993. 冻土的瞬态变形与强度特性[J]. 冰川冻土, 15(2): 258-265

郁楚侯, 杨平, 汪仁和. 1991. 冻结壁三轴流变变形的模拟试验研究[J]. 煤炭学报, (2): 53-62.

袁文伯, 马英明, 陈宽德. 1983. 非均质弹性冻结壁应力分析[J]. 煤炭学报, 2: 44-50.

张其光. 2006. 无粘性土的减载弹塑性分析[D]. 北京: 清华大学.

张双寅. 2003. 功能梯度材料裂汶能量释放率[J]. 力学与实践, 25(1): 22-23.

张向东, 郑雨天. 1996. 冻结井筒超前位移与底鼓的理论分析[J]. 阜新矿业学院学报, 15(3): 283-287.

张向东, 张树光, 李永靖, 等. 2004. 冻土三轴流变特性试验研究与冻结壁厚度的确定[J]. 岩石力学与工程学报, 23(3): 395-400.

张照太. 2006. 深土冻土力学性能试验研究及工程应用[D]. 淮南: 安徽理工大学.

赵晓东, 周国庆, 陈国舟. 2010. 温度梯度冻结黏土破坏形态及抗压强度分析[J]. 岩土工程学报, 32(12): 1854-1860.

赵晓东, 周国庆, 李生生. 2009. 不同温度梯度冻结深部黏土偏应力演变规律研究[J]. 岩石力学与工程学报, 28(8): 1646-1651.

赵晓东, 周国庆, 商翔宇, 等. 2012. 温度梯度冻土压缩变形破坏特征及能量规律[J]. 岩土工程学报, 34(12): 2350-2354.

赵晓东, 周国庆, 田秋红. 2011. 深部土 K_0 试验方法及对减载力学特性的影响[J]. 中国矿业大学学报, 40(5): 702-706.

赵艳华. 2002. 混凝土断裂过程中的能量分析研究[D]. 大连: 大连理工大学.

郑颖人, 沈珠江, 龚晓南. 2002. 岩土塑性力学原理[M]. 北京: 中国建筑工业出版社.

周国庆, 况联飞, 马金荣, 等. 2016. 深土力学特性研究现状及发展展望[J]. 中国矿业大学学报, 45(2): 195-204.

周国庆, 赵晓东, 李生生. 2010. 不同温度梯度冻结中砂加卸荷应力-应变特性试验研究[J]. 岩土工程学报, 35(3): 225-256.

周晓敏, 张绪忠. 2003. 冻结器内测温判定冻结壁厚度的研究[J]. 煤炭学报, 28(2): 162-166.

周幼吾, 郭东信, 邱国庆, 等. 2000. 中国冻土[M]. 北京: 科学出版社.

朱元林, 张家懿, 彭万巍, 等. 1992. 冻土的单轴压缩本构关系[J]. 冰川冻土, 14(3): 210-217.

朱志武, 宁建国, 马巍. 2006. 冻土屈服面与屈服准则的研究[J]. 固体力学学报, 27(3): 307-310.

朱志武, 宁建国, 宋顺成. 2009. 基于内时理论的冻土试验研究与数值分析[J]. 力学学报, 41(4): 549-554.

Andersland O B, Douglas A G. 1970. Soil deformation rate and activation energies[J]. Geotechnique, 20(1): 1-16.

Arenson L U, Springman S M. 2005a. Mathematical descriptions for the behaviour of ice-rich frozen soils at temperature close to 0℃ [J]. Canadian Geotechnical Journal, 42(2): 431-442.

Arenson L U, Springman S M. 2005b. Triaxial constant stress and constant strain rate tests on ice-rich permafrost samples[J]. Canadian Geotechnical Journal, 42(2): 412-430.

Auld F A. 1985. Freeze wall strength and stability design problems in deep shaft sinking. Is current theory realistic?[J]. Ground Freezing, 85:343-349.

Auld F A. 1988. Design and installation of deep shaft linings in ground temporarily stabilized by freezing-Part 2: Shaft lining and freeze wall deformation compatibility[J]. Ground Freezing, 88: 263-272.

Baker T H W. 1996. On compressive strength of some frozen soils[D]. Queen's University, Kingston, Ontario.

Bragg R A, Andersland O B. 1981. Strain rate, temperature and sample size effects on compression and tensile properties of frozen soil [J]. Engineering Geology, 18(1-4): 35-46.

Chamberlain E, Groves C, Perham R. 1972. The mechanical behavior of frozen earth materials under high pressure triaxial test conditions [J]. Geotechnique, 23(1): 136-137.

Chen X S. 1988. Mechanical characteristics of artificially frozen clays under triaxial stress conditions[C]// Proceedings of 5th International Symposium on Grounding Freezing, Nottingham: 173-179.

Domke O. 1915. Uber die beanspruchungen der frostmauer beim schachtabteufen nach dem gefrierverfahren[J]. Gluchauf Forschungshefte, 51(47): 1129-1135.

Feda J, Bohac J, Herle I. 1995. K_0 compression of reconstituted loess and sand with stress perturbations[J]. Soils and Foundations, 35(3): 97-104.

Federico A, Elia G, Germano V. 2008. A short note on the earth pressure and mobilized angle of internal friction in one-dimensional compression of soils [J]. Journal of Geoengineering, 3(1): 41-46.

Federico A, Elia G, Murianni A. 2009. The at-rest earth pressure coefficient prediction using simple elasto-plastic constitutive models [J]. Computers and Geotechnics, 36(1-2): 187-198.

Fish A M. 1976. An acoustic and pressure meter method for investigation of the rheological properties of ice[R]. USA CRREL, 846.

Gorodetskii S E. 1975. Creep and strength of frozen soils under combined stress [J]. Journal of Soil Mechanics and Foundation Engineering, 12(3): 205-209.

Goughnour R R, Andersland O B. 1968. Mechanical properties of a sand–ice system. Journal of the Soil Mechanics and Foundations Division, ASCE, 94(SM4): 923-950.

Gregory D R, Germaine J T, Ladd C C. 2003. Triaxial testing of frozen sand: equipment and example results [J]. Journal of Cold Regions Engineering, 17(3): 90-118.

Haynes F D, Karalius J A, Kalafut J. 1975. Strain rate effect on the strength of frozen soil[R]. USA Army Cold Regions Research and Engineering Laboratory, 350: 27.

Jaky J. 1944. The coefficient of earth pressure at rest [J]. Journal of the Hungarian Society of Architects and Engineers, 25: 355-358.

Jessberger H L. 1989. Opening address[C]//Jones, Holden. Ground Freeziing 88, Proceedings of 5th International Symposium on Ground Freezing. Rotterdam: Balke ma A A, 407-411.

Klein J. 1980. Die bemessung von gefreirschachten in tonformationen ohhe reibung mit berucksichtigung der zeit[J]. Gluckauf Forschungshefte, 41: 51-56.

Klein J. 1981. Finite element method for time-dependent problems of frozen soils[J]. lnternational Journal for Numerical and Analytical Methods in Geomechanics, 5(3): 263- 83.

Klein J. 1985. lnfluence of friction angle on stress distribution and deformational behaviour of frozen shafts in nonlinear creeping strata[C]//4th lnternational Symposium on Ground Freezing, Sapporo, Japan, 2: 307-315.

Klein J, Jessberger H L. 1979. Creep stress analysis of frozen soils under multiaxial states of stress[J]. Engineering Geology, 13: 353-365.

Ladanyi B. 1972. An engineering theory of creep of frozen soils [J]. Canadian Geotechnical Journal, 9(1): 63-80.

Ladanyi B. 1981. Mechanical behavior of frozen soils[C]//Proceedings of International Symposium on the Mechanical Behavior of Structured Media, Ottawa: 205-245.

Lai Y M, Jin L, Chang X X. 2009. Yield criterion and elasto-plastic damage constitutive model for frozen sandy soil [J]. International Journal of Plasticity, 25(6): 1177-1205.

Lai Y M, Xu X T, Dong Y H, et al. 2013. Present situation and prospect of mechanical research on frozen soils in china[J]. Cold Regions Science and Technology, 87(3): 6-18.

Lai Y M, Yang Y G, Chang X X, et al. 2010. Strength criterion and elastoplastic constitutive model of frozen silt in generalized plastic mechanics[J]. International Journal of Plasticity, 25: 1-24.

Lamé G, Clapeyron B. 1831. Mémoire sur l'équilibre intérieur des corps solides homogènes[J]. Journal für die reine und angewandte Mathematik, 7: 145-169.

Li H P, Zhu Y L, Zhang J B, et al. 2004. Effects of temperature, strain rate and dry density on compressive strength of saturated frozen clay [J]. Cold Regions Science and Technology, 39(1): 39-45.

Li S Y, Lai Y M, Zhang S J, et al. 2009. An improved statistical damage constitutive model for warm frozen clay based on Mohr-Coulomb criterion[J]. Cold Regions Science and Technology, 57(2-3): 154-159.

Liu J K, Cui Y H, Wang P C, et al. 2014. Design and validation of a new dynamic direct shear apparatus for frozen soil [J]. Cold Regions Science and Technology, 106-107: 207-215.

Liu J K, Peng L Y. 2009. Experimental study on the unconfined compression of a thawing soil[J]. Cold Regions Science and Technology, 58(1-2): 92-96.

Martin C, Park J B. 2009. Ultrasonic technique as tool for determining physical and mechanical properties of frozen soils [J]. Cold Regions Science and Technology, 58: 136-142.

Ministry of Water Resources of the People's Republic of China. 1991. Standard for Classification of Soils. GB J145—1990. Research Institute of Standards and Norms, Ministry of Construction, Beijing.

Muir W D. 1990. Soil Behavior and Critical State Soil Mechanics [M]. Cambridge: Cambridge University Press.

O'Connor M J, Mitchell R J. 1978. Measuring total volumetric strains during triaxial tests on frozen soils: a new approach [J]. Canadian Geotechnical Journal, 15(1): 47-54.

One T. 2002. Lateral deformation of freezing clay under triaxial stress condition using laser-measuring device [J]. Cold Regions Science and Technology, 35(1): 45-54.

Ouvry J E. 1985. Results of triaxial compression tests and triaxial creep tests on an artificially frozen stiff clay[C]//Proceedings of 4th International Symposium on Ground Freezing, Sapporo: 207-212.

Papakonstantinou S, Pimentel E, Anagnostou G. 2011. Evaluation of ground freezing data from the Naples subway[J]. Geotechnical Engineering, 164: 1-20.

Parameswaran V R, Jones S J. 1981. Triaxial testing of frozen sand [J]. Journal of Glaciology, 27(95): 147-156.

Pimentel E, Sres A, Anagnostou G. 2012. Large-scale laboratory tests on artificial ground freezing under seepage-flow conditions [J]. Geotechnique, 62(3): 227-241.

Qi J L, Ma W. 2007. A new criterion for strength of frozen sand under quick triaxial compression considering effect of confining pressure [J]. Acta Geotechnica, 2(3): 221-226.

Tian Q H, Xu Z W, Zhou G Q, et al. 2009. Coefficients of earth pressure at rest in thick and deep soils [J]. Journal of China University of Mining and Technology, 19(2): 252-255.

Ting C M R, Sills G C, Wijeyesekera D C. 1994. Development of K_0 in soft soils [J]. Geotechnique, 44(1): 101-109.

Ting J M. 1983. Tertiary creep model for frozen sands [J]. Journal of Geotechnical Engineering, 109(7): 932-915.

Torrance J K, Elliot T, Martin R, et al. 2008. X-ray computed tomography of frozen soil[J]. Cold Regions Science and Technology, 53(1): 75-82.

Vyalov S S. 1959. Rheological properties and bearing capacity of frozen soils [J]. Snow, Ice and Permafrost Research Establishment, 74: 48-56.

Vyalov S S, Gmoshinskii V G, Gorodetskii S E. 1962. Strength and creep of frozen soils and calculations for ice-soil. relating structures[R]. US Army Cold Regions Research and Engineering Laboratory, 76.

Watabe Y, Tanaka M, Tanaka H, et al. 2003. K_0 consolidation in a triaxial cell and evaluation of in-situ K_0 for marine clays with various characteristics [J]. Soils and foundations, 43(1): 1-20.

Yamammot Y, Springman S M. 2014. Axial compression stress path tests on artificial frozen soil samples in a triaxial device at temperatures just below 0℃[J]. Canadian Geotechnical Journal, 51(10): 1178-1195.

Yao X L, Qi J L, Yu F, et al. 2013. A versatile triaxial apparatus for frozen soils[J]. Cold Regions Science and Technology, 92: 48-54.

Youssef H. 1988. Volume change behavior of frozen sands [J]. Journal of Cold Regions Engineering, 2(2): 49-64.

Zhang S J, Lai Y M, Sun Z Z, et al. 2007. Volumetric strain and strength behavior of frozen soils under confinement[J]. Cold Regions Science and Technology, 47(1-2): 263-270.

Zhao L Z, Yang P, Wang J G, et al. 2014. Cyclic direct shear behaviors of frozen soil-structure interface under constant normal stiffness condition[J]. Cold Regions Science and Technology, 102: 52-62.

Zhao X D, Zhou G Q, Cai W, et al. 2009. Effects of temperature gradients on elastic modulus and compression strength for the saturated frozen clay[C]// The 6th International Conference on Mining Science and Technology, Procedia Earth and Planetary Science, 420-424.

Zhao X D, Zhou G Q, Chen G Z. 2011a. Increment Poisson' ratio for frozen clay with thermal gradient[C]// The 3rd International Conference on Heterogeneous Material Mechanics, Shanghai.

Zhao X D, Zhou G Q, Chen G Z. 2013. Triaxial compression strength for artificial frozen clay with thermal gradient [J]. Journal of Central South University of Technology, 20(1): 218-225.

Zhao X D, Zhou G Q, Chen G Z, et al. 2011b. Triaxial compression deformation for artificial frozen clay with thermal gradient [J]. Cold Regions Science and Technology, 67(3): 171-177.

Zhu Y L, Carbee D L. 1984. Uniaxial compressive strength of frozen silt under constant deformation rates [J]. Cold Regions Science and Technology, 9(1): 3-15.

Zhu Y L, Carbee D L. 1988. Triaxial compressive strength of frozen soils under constant strain rates[C]// Proceedings of 5th International Conference on Permafrost, Trondheim.